KB270205

불완전하게
완전해지다

책에 등장하는 지명은 외래어표기법 지명 표기의 원칙을 따랐습니다.
본문 속 남미의 물가는 2016년 기준이며, 환율은 2017년 10월 기준입니다.

불완전하게 완전해지다

김나랑 지음

페루
볼리비아
칠레
아르헨티나
파라과이
브라질
에콰도르
쿠바
콜롬비아

여행을 다녀온 직후 페이스북에 이런 글을 남겼습니다.

"2월부터 7월까지, 짧다면 짧고 길다면 긴 남미여행을 마치고 돌아왔습니다. 숨이 끊길 것 같은 고지대 등반, 추워서 이빨이 부서질 것처럼 떨리던 야영, 거센 바람에 생명의 위협을 느낀 화산 트레킹… 참 강렬한 기억이네요. 그때마다 옆에서 도와주는 동행이 있어 버틸 수 있었습니다. 여기에 오지 않았으면 평생 못 봤을 풍경도 고맙습니다. 붉게 물든 새벽 피츠로이, 우주 같은 산속에서 홀로 있던 시간(나무토막 보고 퓨마인 줄 알고 얼음…), 내 빵을 받아먹던 여우, 귀여운 궁둥이의 양떼를 치던 목동, 주인은 없지만 사랑받는 길 위의 개들, 그리고 길 위의 사람들… 아, 말로 다 담는 거 포기… 이제 발 안 닿는 바다에 뜰 수 있고, 다이빙에 용기가 생겼고, 기타도 쳤고, 탱고도 쳤고, 누구에게든 인사할 수 있고, 길바닥 아무 데나 앉을 수 있고, 어느 지붕 아래든 잘 수 있습니다. 아직 남미에 있는 여행자, 남미를 사랑하는 모든 사람의 건강과 안전을 기원합니다. 막판에 서울 오고 싶었는데 취소."

댓글이 뭐라고 달렸냐고요?
"나랑아, 이제부터 돈 벌자." "아 놔, 수상 소감인 줄."

이번에는 좀 더 길게 책으로, 남미와 쿠바를 여행했던 이야기를 들려 드리고 싶습니다. "아 놔, 이게 뭐야?" 하는 소리 나오지 않게(덜 나오도록) 진심으로 썼습니다.

우선, 여행을 떠난 이유부터 말씀드려야겠죠. 당시의 카카오톡 대화창을 보면 온통 절망과 험담뿐입니다. 대화창은 사라졌지만 어딘가에 그 말과 기운이 떠돌 거라 슬픕니다. 회사를 퇴사하고, 병원에 다니고, 문득 30대 중반이기에, 그저 쉬고 싶었습니다. 이왕 쉰다면 전혀 다른 상황에 처하고 싶었습니다. 아예 다른 세계에. 그래, 남미다! 혼자 발톱 빠지게 걷고 그 탓하며 울자. 지금보다 나은 인간이 되겠지. 물론 여행을 다녀와서 개과천선하지 않았습니다. 그런 기적은 일어나지 않습니다. 다시 서울에 무섭게 적응하고 회사를 다니고, 생활을 합니다.

달라진 점은 있습니다. 이전보다 행복합니다. 사실, 여행 중에는 아프고 짜증 나는 순간도 많았습니다. 여행이라 해도 멋지고 괜찮은 일만 일어나진 않잖아요. 게다가 오랜 여행은 일상이 되지요. 하지만 그 기간에 어느 때보다 많이 "행복하다" "아름답다" "좋다"란 말을 했습니다. 가장 본능에 충실했습니다. 먹고 싶음 먹고, 자고 싶음 잤습니다. 보고 싶은 것을 보기 위해 시간과 돈을 투자했습니다. 그 이야기를 들려 드리고 싶어요.

남미에 가면 세계일주 중인 분도 많고, 저보다 체력과 지식, '여행력'이 뛰어난 분도 숱합니다. 너무나 평범한 제가 여행에 부딪치는 이야기가 웃길 때도 있을 겁니다. 비웃을지도요! 괜찮습니다. 그저 "있잖아요"라고 말을 거는 악의 없는 누군가를 만난다고 생각해 주세요. 그의 얘기가 공감이 가거나 약간의 환기가 될 수도…(있길 바랍니다). 고맙습니다.

같은 시대를 사는 김나랑 드림

목차

○

거친
숨소리

○

　　지금도 69호수를 오르던 숨소리가 생생하다. 스쿠버 다이빙에서 산소호흡기를 빨아들이는 소리와 비슷했다. ‘구룩구룩’ 사나운 소리. 페루의 우아라스는 해발 3,050미터의 고지대다. 거기서도 고산병 약을 먹지 않으면 숨이 찬데, 4,600미터의 69호수까지(69번째 호수라는 뜻이다) 오르는 등반을 떠났다. 백두산이 2,750미터다. 오를수록 한 걸음 딛기가 힘들었다. 숨이 거칠어지고 콧물이 주르륵 흘렀다. 누가 다리를 잡아당기는 것 같았다. 악을 썼다. 열 걸음 못 가서 주저앉고 콧물을 닦고 다시 걸었다. 이렇게 힘들다고 왜 아무도 말을 안 해 줬지?

남미여행의 첫날, 페루의 수도 리마에서 1박을 하고 우아라스에 갔다. 리마의 터미널 바닥에 앉아서 우아라스행 버스를 기다리다 배낭이 무거워 일어나지 못했다. 주변에서 일으켜 줬다. 배낭여행의 준비가 되지 않은 사람. 누가 봐도 초짜였다. 버스는 밤에 출발해 여덟 시간을 달려 우아라스에 도착할 예정이었다. 버스에서 계속 모기약을 발랐다. 당시 브라질을 중심으로 남미 전역에 지카바이러스 주의보가 있었다. 1그램이라도 덜어 내야 할 배낭에 유리병으로 된 모기약 20개가 들어 있었다(주문할 때는 유리병인지 몰랐다). 옆자리의 현지인은 몸에 시큰한 약을 발라대는 나를 신기하게 쳐다봤다. 나는 드러난 허벅지를 옷으로 덮으며 배낭을 확인하고 옆을 경계했다. 그는 우아라스에 도착하기 전에 수줍게 웃으며 내렸다. 그에게 모욕감을 줬을까 두려웠다. 우아라스에 도착하고 버스 짐칸에 실은 배낭을 꺼냈다. 역시 배낭을 메고 일어나지 못했다. 한국인 여행자가 일으켜 줬는데, 그 옆에 세계일주 중이라는 동행이 희미하게 웃었다. 비웃음에 가까웠다.

정류장에서 15분 정도 걸어 게스트하우스에 갔다. 여성 전용 도미토리가 있어서 편했다. 욕실 겸 화장실이 방에 있어 샤워 후 알몸으로 나올 수 있다. 잘 때 브래지어를 벗고 팬티만 입고 자도 됐다. 이 정도면 최고의 도미토리다. 고지대라 빨랫감은 일주일 내내 마르지 않았지만 괜찮았다. 입고 말리면 되니까. 창밖을 보니 시장이었다. 인디오 아주머니들이 망태기에 꾸이(기니피그)를 네다섯 마리씩 넣어 팔았다. 꾸이를 통째로 굽는 요리는 잉카 시대부터 내려온 페루의 전통음식으로 지금도 별미다. 후에 페루 쿠스코에서 꾸이 통구이를 주문했는데 다행히 바싹 타서 나왔다. 탔다는 이유로 먹지 않을 수 있었다. 게스트하우스 문 앞에는 꾸이 장수가 상주했는데 우리가 사리란 기대는 없는 듯했다. 주변은 꼬치를 굽는 노점의 연기가 자욱했다. 횡단보도는 없지만 오토바이와 사람들이 분주히 서로를 피해 갔다.

게스트하우스는 여행자로 붐볐다. 부킹닷컴 같은 예약 사이트에서 높은 평점을 받는 곳인 듯했다. 3박4일 동안 안데스산맥을 걷는 산타 크루스 트레킹, 파라마운트 트레킹 등 여러 종류의 등반이 게시판에 적혀 있었다. 여행 에세이에서 읽은 69호수를 예약했다. 다시 말하지만 그 책에선 힘들다고 하지 않았다. 접수원은 능숙하게 예약을 받았다(몇 백 명의 여행자를 상대했을까). 그에게 한국에서 가져온 커피믹스 몇 봉을 선물했다. 고지대라 커피믹스는 터질 듯 부풀어 있었다. 여행 중 만나는 사람에게 종종 커피믹스를 선물했는데 감동하리란 예상과 달리 덤덤했다. 한 캐나다인은 "설마 너네 이런 커피만 마시는 거 아니지?"라고 했다. 나도 참… 커피믹스에 호들갑스러워 할 거라 생각하다니.

2~3일간 머물며 고지대에 적응하고 등반하는 편이 좋지만 고산 증세가 없던 나는 이틀째에 69호수에 올랐다. 1년 동안 퍼스널 트레이닝을 받고, 한 시간 내로 10킬로미터를 주파하는 만큼 체력에는 자신 있었다. 하지만 몸이 아파 회사를 쉬면서 체력은 당연히 떨어져 있었다. 저벅저벅 오르는 일행을 보면서 다시 한번 느꼈다. 나는 많이 약하다. 정상까지 네 시간 내에 못 가면 무조건 하산이었다. 안내하는 현지 여성은 웃으며 걸었다. 권태보 간 여행자를 보는 신기함이 서려 있었다. 건장한 어느 백인 여성

은 "너 정말 괜찮니?"라고 자주 물었다. 내가 죽을 것 같은 표정으로 괴성에 가까운 호흡을 냈기 때문이다(아까 말한 스쿠버다이빙 호흡). 처음부터 고산병 증세를 호소한 한국인 여성은 중도 포기했다.

두 시간쯤 지나니 69호수가 나타났다. 처음 보는 풍경이었다. 안데스산맥의 하얀 봉우리에서 녹은 눈이 흘러 에메랄드 호수를 이뤘다. 설산은 최대한 하얗고 호수는 최대한 푸르렀다. 모든 게 선명했다. 한 여성은 69호수를 보자마자 옷을 벗고 나체로 수영했다고 한다. 그러지 못한 것이 지금도 아쉽다. 뭐든 하는 것이 하지 않는 것보다 후회가 덜하다. 대신 물이 종아리에 오를 때까지 호수로 걸어 들어갔다. 살이 아리게 차가웠다. 다리를 닦고 바위에 앉아 호수를 바라보았다. 하산하면서는 안데스산맥을 바라보았다. 눈물이 흘렀다. 아름다워서다. 아름다워서 눈물을 흘릴 수 있구나. 언제가 마지막이었지? 그런 적이 있기는 하고?

하산은 언제부턴가 혼자 하고 있었다. 길을 헤맸기 때문이다. 아까 만난 백인 여성이 배낭을 베고 강가에 잠들어 있었다. 투어 없이 혼자 온 듯했다. 잠에서 깰까 봐 길을 묻지 못했다. 한국인 커플도 만났다. 새까맣게 타고 깡마른 둘은 사과를 먹고 있었다.

여행의 길이가 몸에 밴 커플이었다. 부러웠다. 여행과 길과 경험과 에너지가 그들을 이루고 있었다. 나는 너무 하얗고 살찌고 어설펐다. 얼른 여행자가 되고 싶었다. 길 위에서 나를 만들고 싶었다. 더 나은 나를.

마을로 돌아와서는 한국인 여행자들과 카레를 먹으러 갔다. 페루 리마로 의료 활동을 온 의대생, 세계일주 중인 퇴직자, 신혼부부 등이 섞여 있었다. 그들은 파라마운트 트레킹을 갔다가 죽음을 맛봤다며 웃었다. "69호수가 낫던데요."

내 여행의 목적은 분명했다. 무거운 배낭을 메고 나를 불확실성의 세계로 밀어 넣고 싶었다. 지친 몸으로 길 위에 서고 싶었다. 현실로 닥치니 나는 나약했다. 죽음마저 느꼈다. 하지만 겪어 냈다. 한 우주비행사는 우주에서 지구를 바라본 경험으로 인생이 바뀌었다고 했다. 내게 우주여행은 없을 테니 다른 경험을 최대치로 하고 싶었다. 아름다움을 보는 경험. 그것이 인생을 바꿀지는 알 수 없지만, 보지 않은 나와는 1밀리미터라도 다를 것이다. 예전에 들은 한 소설가의 강의가 생각났다. "공중부양을 했다가 착지하면 똑같은 자리에 올 수 없고 1밀리미터라도 벗어나잖아요. 소설 읽기도 비슷해요." 여행도 그러하다.

69호수의 여파로 시내만 거닐다가 하루는 버스를 타고 산동네에 갔다. 버스 종점에 내려서 두리번거리다 용산에 산다는 페루 아주머니를 만났다. 휴가 왔다면서 셀카봉을 꺼내 셀카를 찍었다. "이거 지하철에서 파는데 셀카봉도 없어요?" 우아라스 산동네에서 용산 사는 페루인을 만났듯이 여행은 예상치 못한 구덩이를 여기저기 파 놓고 있었다.

사막의
클럽

사막의
클럽

○

사막을 동경했다. 미드 〈브레이킹 배드〉에서 살인과 마약거래가 이뤄지던 곳, 1969년 영화 〈나 홀로 사막에〉의 길 잃은 소년과 반려견이 생사를 넘나들던 곳, "사막을 횡단할 때 무엇이 가장 힘듭니까?"란 질문에 "신발로 자꾸 들어오는 모래"라고 답한 모험가. 이처럼 사막은 위엄과 개성이 있으니까.

페루의 수도인 리마에서 버스로 세 시간 내려가 이카에 도착했다. 연한 흙탕물에 레몬을 섞은 듯한 색의, 기분 좋게 뿌연 대기와 땅이 나타났다. '사막 색'의 구역에 들어온 것이다. 의외로 찌는 듯이 덥진 않았다. 습도가 낮고, 사막에 맞춰 천천히 움직였기 때문이다. 이카 버스터미널에서 5킬로미터 떨어진 오아시스 다을, 와카치나로 이동했다. 야자수와 단층집들이 오아시스를 응기종기 둘러싸고 있었다.

한 바퀴 도는 데 30분도 안 걸리는 조그만 마을이어서 아무 호스텔에 들어갔다. 재난이 없는 한 물을 갈지 않을 법한 수영장과 날림으로 올린 건물이었다. 가장 저렴한 3층의 도미토리를 골랐다. 태양을 피하기 위해 창문이 아주 작아 동굴처럼 어두웠다. 20여 개의 2층 침대는 영화에서 보던 전시 병동 같았다. 그곳과는 달리 이불이 없었다. 사물함의 자물쇠가 고장 나 배낭은 하늘에 맡겼다(제발 훔쳐가지 마세요). 1층의 샤워실은 공중화장실과 비슷한 구조로, 바닥에 모래가 가득했다. 옷을 걸어 둘 고리가 없어 옷까지 샤워를 했지만 큰 상관없었다. 어차피 10분이면 바싹 말랐다. 낮에는 무기력이 호스텔을 지배했다. 과음으로 좀비가 된 여행자들이 태양을 피했다. 기운 있는 여행자는 사막에 보드를 타러 갔다. 모두 밤을 기다렸다. 밤의 와카치나는 '사막의 클럽' 같았다. 호스텔마저 클럽 음악으로 시끄러웠고 몇 안 되는 술집은 만석이었다.

첫날에는 와카치나에서 모두 한다는 버기 투어를 예약했다. 버기차를 타고 사막의 언덕을 롤러코스터처럼 오르내리는 투어

다. 9인승의 버기차는 호스텔을 돌며 예약한 손님을 태우고, 엉덩이가 들썩일 정도로 달린다. 마지막 언덕에 오르면 차에서 내려 샌드보드를 탄다. 초를 칠해 미끄럽게 만든 보드에 엎드려서 사막을 슬라이딩한다. 어릴 적 쌀 포대 눈썰매만큼 부드럽고 빨랐다. 얼마나 빠른지 슬라이딩하던 사람끼리 부딪쳐 병원에 입원했단다. 슬라이딩을 마치고 모두 석양을 기다렸다. 앉았다. 모래는 푹신했다. 누웠다. 몸 사이사이로 모래가 스며들었다. 누군가 말했다. "사막의 모래는 1년을 쫓아다닌대." 한국으로 돌아가도 이 모래가 나올까. 기분이 어떨까.

사막의 밤이 왔다. 오아시스가 보이는 레스토랑에 앉아 페루의 칵테일인 피스코 사워를 마셨다. 가격이 비싸서 양껏 먹진 못했다. 의식주를 이 작은 마을에서만 소비해야 하기에 물가가 비싸다. 호스텔로 돌아왔고 샤워실은 여전히 옷을 걸 수 없었다. 밤에는 젖은 옷이 10분 만에 마르지 않는다. 젖은 채로 잠들었지만 큰 상관없었다. 다음 날 짐을 챙겨 나스카행 버스를 끊었다. 밤새 울렸던 클럽 음악 때문일지 모른다. 클럽을 무척 좋아하지만 사막까지 와서 클러빙을 하고 싶진 않았다. 언젠가는 사막을 횡단하고 싶다. 공손히 군다면 허락해줄지 모른다.

외계인 대신
드렁큰 살사

○

"헤이 코리안, 배낭을 꼭 안아." 스페인어였지만 대충 느낌이 그랬다. 버스 기사는 소매치기당하는 한국인을 많이 봤다며 배낭을 안으라는 몸짓을 했다. 여행지의 사건사고는 마주치는 여행자마다 나누는 가십이었다. "예전에 말이지"가 아니라 "지난주에, 어제, 내가, 내 친구가"로 시작되는 출처 분명한 최신 가십. 가장 놀란 소식은 소금사막에서 교통사고로 전원 사망한 일본인들, 사막 꼭대기에서 보드를 타고 슬라이딩하다 사람과 부딪쳐 병원에 입원한 한국인, 브라질 리우에서 휴대폰을 뺏기지 않으려다 칼에 목을 베여 수술한 사람(그는 "브라질 병원에선 외국인도 무료로 진료해 준다"라며 좋아한 초 긍정남이었다), 칠레의 항구도시에서 강도를 만나 여행 경비를 모두 털린 멕시코 유학생 겸 내 사촌동생(자신을 '똥'이라 자학하며 한국에 들어오려 했으나 끝까지 여행을 하긴 했다) 등. 버스 기사의 조언대로 노트북과 돈이 든 작은 배낭은 가슴에 안고, 배낭끈을 다리에 묶었다. 옷과 침낭이 든 큰 배낭은 짐칸과 하늘에 맡겼다.

사막인 이카에서 또 다른 사막인 나스카로 가는 한낮의 버스는 견딜 만한 온도의 사우나 같았다. 기분 좋게 몸이 땀으로 젖고 노곤해져 잠이 들었다 깨기를 반복했다. 자면 안 된다는 강박에 눈을 뜨면, 먼지로 뿌연 창문 너머는 여전히 사막이었다. 좀 시

그러워져 깨면 집 몇 채가 모인 정류장으로, 역시나 사막이었다. 에라 모르겠다, 늘어지게 자고 내렸는데 다행히 배낭은 품에 있었다. 터미널에는 나스카 라인을 보러 온 여행자들이 있었다. 왜 나스카 라인을 보러 왔다고 단정하냐면, 나스카에 친척이 살지 않는 이상 나스카 라인 외엔 딱히 올 일이 없기 때문이다. 미국 콜로라도에서 왔다는 키 크고 잘생긴 여행자와 좀 다녀볼까 했는데 이내 사라졌다. 정류장엔 여행사 호객이 많았다. 나스카 라인은 전망대에서 보지 않는 한 경비행기 투어를 해야 하기 때문에 여행사를 이용할 수밖에 없다.

나스카 라인은 (아마도) 기원전 500년에서 서기 500년 사이에, 725제곱킬로미터 사막 위에 그려진, 최대 300미터나 되는 거대한 그림들이다. 거미, 원숭이, 벌새, 기하학적인 선 등 디자인이 다양하다. 외계인이 그렸네, 종교와 관련 있네, 다양한 가설이 있지만 『론리 플래닛』에선 "믿고 싶은 걸 믿으라"라고 할 만큼 밝혀진 바는 없다. 그 시절의 나스카 라인이 지금도 선명한 이유는 페루 정부가 관광객을 끌기 위해 주기적으로 그려 넣기 때문이라는 루머도 돌았다. 그러나 나스카의 화양연화도 지나갔는지 이곳을 '패스'하는 여행자도 많다. 누구에겐 그리 멋진 광경도 아닌 데다 경비행기 투어가 100달러를 웃돌기 때문이다. 나

는 '서울에서 술을 먹어도 100달러가 나오는데'라며 나스카에
왔다.

호객을 따라 근처의 여행사를 방문했다. 건조하고 뜨거운 날씨
와 25킬로그램의 배낭에 짓눌린 나는 여러 여행사를 다니며 가
격을 비교할 마음은 진즉 접고, 제발 착한 곳이길 바랐다. 32세
청년이 사장으로, 친절하게 자기 소유인 옆 호텔에서 샤워해도
된다고 하였다. 투어비나 좀 깎아 달랬더니 그는 선심 쓰듯 130
달러만 받겠다고 했다. 두 시간 뒤에 다시 오라고 하여 시간 맞
춰 가자 다른 손님을 못 구한 듯했다. 사장이 직접 가이드에 나
섰는데, 승용차에 둘만 타니 썸남과 드라이브를 하는 기분이었
다. 그는 나스카에서 나고 자란 '나스키뇨'로 여행사와 호텔을
운영 중이며 구글 검색을 즐긴다. 내가 글을 쓴다 하였더니 자꾸
책 이름을 말해 달라는 통에 당황했다. 나는 그 와중에도 스펙
허세를 부리고 있었다.

마리아 라이헤 네우만 공항에 도착하자 사장은 비행이 끝나는
시간에 맞춰 데리러 오겠다고 하였다. 공항의 이름은 나스카 라
인 연구에 생을 바친 마리아 라이헤의 이름에서 따왔다. 공항보
단 시골 버스 대합실 같았다. TV에선 BBC에서 제작한 나스카

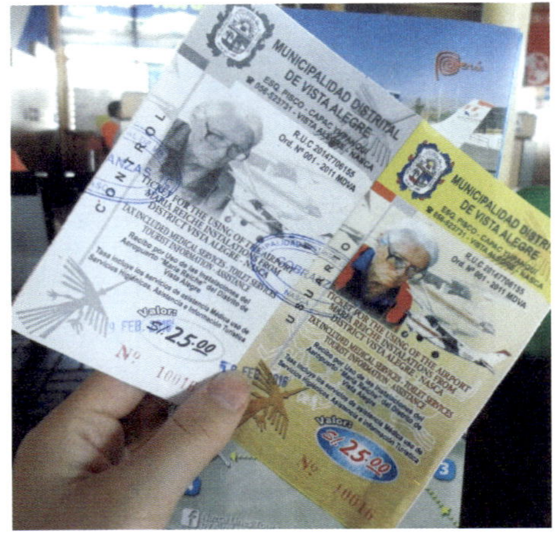

라인 다큐멘터리가 나왔다. 미스터리를 소개할 때면 그렇듯 검은 배경에 학자들이 심각한 표정으로 얘기하고 중간중간 나스카 라인을 비쳤다. 안내책자에서 "경비행기를 탈 때 멀미를 조심하라"라고 했다. 나는 멀미한 적이 없어 가뿐하게 경비행기 앞에서 사진을 찍은 뒤 관광객 네 명과 함께 탑승했다. 경비행기는 상공에서 나스카 라인 10여 개를 보여 주는데, 이내 카메라를 넣고 제발 이 비행이 빨리 끝나기만을 기다렸다. 기내에 토를 해 모두를 민망하게 만들 것 같았기 때문이다.

비행이 끝나고 대합실에 실신하듯 누워 있을 때 사장이 돌아왔다. 그는 투어에 포함되어 있다며 근처의 차우치야 묘지에 데리고 갔다. 해골과 모래를 실컷 보는 고대 공동묘지다. 안내원 없이 노끈만이 묘지를 둘러싸고 있었다. 페루에서 이쯤은 경호하기엔 미미한 유적인가. 해골을 가방에 넣고 도망가도 모를 지경이었다. 너무 쿨해서 멋졌다. 옆에는 그 시절의 문명을 보여 주는 창고에 가까운 박물관도 있다. 창고 안의 습기와 뜨거운 공기가 역한 냄새를 풍겼다. 경비행기의 메스꺼움이 다시 올라와 그만 가자고 사장을 끌었다. 그는 마지막 코스라며 농장으로 갔다. 농장의 할머니는 '저 녀석 또 왔군' 하는 얼굴로 익숙하게 피스코를 종류별로 내왔다. 피스코는 포도로 만든 투명한 증류수인데 보통 레몬과 라임, 설탕을 넣어 피스코 사워라는 칵테일로 많이 먹는다. 사장은 그보다는 진저에일과 얼음을 섞어 먹는 것이 진짜라고 했다. 피스코는 투명한 줄로만 알았는데, 할머니는 투명한 것, 투명하고도 노란 것, 포도주 색의 피스코를 내왔다. 그리고 "피스코는 칠레가 아니라 페루 술이야"라고 여러 차례 말했다. 두 나라 사이엔 피스코의 원산지 논쟁이 있다.

보드카에 와인을 섞은 듯한 달콤함에 한 잔 두 잔 얻어 마시니 취기가 올랐다. 복슬복슬한 털로 싸인 열매가 열리는 나무 아래에서 사장이 살사를 추자고 했다. 그의 골반은 부끄러움 따윈 모른다는 듯이 유연하게 움직였다. "넌 살사를 어디서 배웠니?" 내가 물었다. "살사를 왜 배워? 타고나는 건데." 그가 의아하다는 듯이 답했다. 그는 라틴댄스의 종류가 많다며 여러 이름을 댔는데 하필 고른 게 바차타였다. 왜 이렇게 밀착하며 추나 했는데 원래 바차타가 그랬다. 술까지 올라 이건 안 되겠다 싶어 자리를 떴다. 한 잔 두 잔 얻어먹은 양이 꽤 되어 할머니에게 피스코 한 병을 구입했다. 훗날 이 피스코는 슈퍼에서 파는 기성품과는 다른 엄청난 맛으로 술동무들에게 열렬한 환호를 받았다.

문제는 돌아오는 차에서 일어났다. 사장이 자꾸 자기 오피스텔에서 샤워를 하고 가라 했다. 함께 바차타를 추다가 '이 여자 땀 냄새 좀 봐. 분명 씻고 싶을 거야'란 확신이 들었는지, 집요하게 샤워를 하고 가란다. 순간적으로 '정말 샤워만 하고 갈까?'란 생각도 들었다. 그만큼 절어 있었다. 하지만 나이가 몇 개인데 그런 불손한 호의는 물리치고 1박도 하지 않은 채 나스카를 떠나는 버스에 탔다. 가볍게 '버스에 탔다'라고 쓰지만, 출발 시간까지 다섯 시간을 기다리고, 세 시간쯤 연착된 버스에 올라 아홉 시간을 달려 다음 목적지인 아레키파에 도착했다. 여덟 시간 동안 대합실 밖에 주저앉아 있었는데(버스가 언제 오고 떠날지 아무도 모르기 때문에 실내에 앉아 있을 순 없다) 잘생긴 청년이 있어 그리 나쁘지 않았다. 그 사장에겐 미안하지만, 이런 외모가 내 스타일이라고 보여 주고 싶었다. 문제는 잘생긴 청년이 내 옆자리였다는 것. 사장이 자신 있게 샤워를 권할 만큼 내 냄새는 진했다. 버스에서 청년과 나눈 대화는 통성명과 내 기침에 "갓 블레스 유", 내가 권한 간식에 "노 땡큐"라 한 것뿐이다.

콘도르를 위한
하드코어

○

나스카에서 아홉 시간 버스를 타고 아레키파에 도착
했다. 아레키파에 온 이유는 콘도르를 보기 위해서다. 콘도르는
페루에서 신성시되는 새다. 내가 좋아하는 노래 '엘 콘도르 파샤
(El Condor Pasa, 콘도르는 떠나가고)'의 주인공. '철새는 떠나가고'로
번역되곤 하는데 오역이다. 콘도르는 잉카인을 상징하는 새라서
철새로 뭉뚱그릴 수 없다. 성인 콘도르가 날개를 펴면 족히 3미
터로, 짝이 죽으면 우울증에 시달려 하늘 끝까지 올라가 떨어져
죽는다. 그 신비의 새를 직접 보고 싶었다.

아레키파에는 콘도르를 보러 떠나는 투어가 있다. 미국의 그랜
드 캐니언보다 두 배는 깊은 협곡인 콜카 캐니언에 콘도르 전망
대가 있다. 물론 콘도르가 나타난다는 보장은 없다. 투어는 새벽
3시에 봉고차를 타고 출발한다. 콜카 캐니언을 트레킹하는 1박2
일, 2박3일 코스도 있으나 나는 봉고차로 떠나는 당일 투어를 선
택했다. 트레킹을 무척 좋아하지만 목적은 콘도르였기에 별생각
없이 예약했다. 봉고차의 여정은, '차라리 트레킹이라면 다리를
뻗고 상쾌한 공기도 마시고 힘들면 말로 갈아탈 수 있으니 더 낫
다' 할 만큼 고됐다.

아레키파 시내에서 출발한 지 다섯 시간 만에 콜카 캐니언의 콘

도로 전망대에 내렸다. 내가 꾀어 투어에 참여한 일행이 말했다. "누나, 제가 그랜드 캐니언 가 봤거든요. 위에서 보면 바닥이 안 보여요. 그런데 여긴 바닥이 보이네요." 나는 "협곡보단 콘도르를 보는 게 우선이지"라고 말했다. 누군가 "와, 콘도르다!" 하고 외쳤다. 점처럼 두 마리가 휘휘 날고 있었다. 멀리서 보아도 우아했다. 커다란 날개로 바람 서핑을 하는 신비의 새. 너를 보기 위해 내가 아레키파에, 새벽부터 봉고차에 끼여 이곳에 왔구나. 심지어 이 투어의 일정은 콘도르 말고 아무것도 없단다! 내가 보고 싶은 것, 내가 믿는 것 하나를 위해 시간과 돈을 투자해서 기뻤다. 그간 원하지도 않고, 딱히 관심도 없는 것에 시간과 돈을 쏟지 않았던가. 일행은 금방 흥미를 잃더니, '이런 식으로 하루를 낭비했다'는 표정을 지었다. 후에 그는 국립공원 토레스 델 파이네에 가서 콘도르를 엄청 가까이, 자주 보았다고 소식을 전해왔다. 후에 나는 칠레 산티아고의 동물원에서 콘도르를 발견했다. "콜카 캐니언에 안 가도 됐어요." 용기를 내서 그에게 답신했다.

하늘에서 콘도르가 사라지자 사람들이 흩어졌다. 두건을 쓴 한국인 아저씨를 만났는데, 오토바이를 타고 남미를 여행 중이었다. 그는 콜카 캐니언을 트레킹하며 텐트에서 먹고 자길 권했다.

내가 이 협곡에서 혼자 잠들 수 있을까? 사람이 무서웠다. 남자가 되어 마구 돌아다니고 싶었다. 자유롭게. 콘도르처럼. 근데 혹시 여자라는 핑계를 대는 건 아닐까? 복잡했다.

봉고차는 여덟 시간 정도 걸려 아레키파에 도착했다. 중간중간 마을에 내려 상점을 구경해야 했다. 너무 자주 내려 줘서, 나중엔 약간의 돈을 내고 라마와 사진을 찍었다. 주인인 인디오 아주머니가 머리 위에 커다란 새도 올려 주었다. 라마와 새는 손님을 착착 받아냈다. 표정이 평온해 보여 그리 불쌍하지 않았다. 아주머니에게 좋은 일 하는구나 칭찬할 지경이었다. 풍성하게 주름 잡은 치마와 길게 땋은 머리의 인디오 여인을 볼 때마다 왠지 짠했다. 외지인 주제에 건방지기 짝이 없지만, 그들이 좀 더 행복하길 바랐다.

밤이 다 되어 시내에 돌아갈 때까지 봉고차는 어딘가에 계속 섰다. 정말 필요한 하차는 차가 고장 났을 때뿐이었다. 승객들은 점차 말수가 줄고 내리지 않았다. 너무 피곤하여 잠이 들다 깨다 했다. 꿈에서 라마와 알파카 수십 마리가 들판의 풀을 뜯고, 하늘은 땅과 가까이에 떠 있었다. 꿈이 아니라 현실이었다. 잠결에 차창으로 본 모양이다. 후에 일행이 찍은 사진을 보내 줬는데,

풍경이 비현실적으로 아름다워 꿈에 가까웠다.

호스텔에 돌아와선 옥상에서 술을 마셨다. 2000년 유네스코 세계문화유산으로 등재된 아레키파 역사지구로 노을이 물들었다. 아레키파는 80여 개의 화산으로 둘러싸여, 화산폭발과 지진이 자주 있었다. 내진에 강한 흰색 화산암 '실라'로 건물을 지어 백의 도시라 불린다. 스페인 식민시대와 잉카제국의 양식이 섞인 아레키파 양식은 유럽과 닮았다. 역사지구 곳곳을 둘러보는 프리 워킹 투어에도 참여했다. 날이 흐리다 말다 부슬비가 내렸다. 이때까지 호기롭게 들고 다니던 우산(나중엔 우산 무게도 부담스러워 다른 이에게 줬다)을 쓰기도 안 쓰기도 애매했다. 날씨 때문에 백의 도시는 '연회색 도시'가 되었지만, 한때 수도 리마를 위협할 정도로 번성했던 곳인 만큼 정비가 잘되어 있어 보는 재미가 있었다. 가이드는 이곳저곳 데리고 다녔는데, 초콜릿으로 비누까지 만들어 파는 카페, 칵테일이 훌륭한 레스토랑 등을 들렀다. 모두 흡족하여 가이드에게 팁을 넉넉히 주었다.

다음 날엔 산타 카탈리나 수도원에 갔다. 커다란 여성 수도원이다. 귀족 여성들이 정략결혼을 피해 자처하여 들어갔다고 한다. 20,000제곱미터의 면적은 마음먹고 구석구석 돌아다니면 한

나절을 훌쩍 넘길 만했다. 딱히 할 일이 없어 하루를 수도원에서 보내기로 했다. 입구에서 40솔(약 1만 4천 원)의 입장료가 부담스러워 돌아가는 사람도 있었다. 그곳에 나처럼 혼자 온 한국인 여성이 있어 둘이 사진을 찍어 주면서 함께 다녔다. 내리는 비는 문제 되지 않았다. 서로의 카메라를 바꿔 들고(그래야 각자의 사진기에 찍히기에) 100번의 포즈를 취하였다. 수도원은 그리스 산토리니를 연상케 하는 푸르고 하얀 벽과 아치형의 문, 붉은 장미와 분수대가 놓인 아름다운 정원이 있었다. 수도원답지 않게 화려하니 귀족 여성의 도피처였다는 설이 맞는 듯했다. 그러나 이날 찍은 사진은 후에 큰 매력이 없었다. 사진을 찍기 위한 시간들이어서다.

같은 곳을 보는
동지들

같은 곳을 보는
동지들

○

　　여행 온 지 2주 만에 일기를 썼다. 블로그를 하려 했기 때문이다. 페루의 수도인 리마와 우아라스, 쿠스코 등에서 인터넷 검색 정도는 가능했지만 고용량 사진을 블로그에 올리려면 인내심이 필요했다. 인내심을 발휘해도 업로드가 된다는 보장은 없다. 기약 없는 기다림은 힘들다. 남미여행 중에 블로그로 뭐라도 좀 건져볼까 했는데(여행기 청탁이랄지) 2주 만에 접었다. 그 시간에 자는 편이 나았다.

첫 일기는 마추픽추 가는 차 안에서 썼다. 스페인어 노래, 아마도 페루 노래가 흘러나왔다. 흥겨웠다. 이곳에선 신나고 흥겨운 멜로디만 나왔다. 운전사가 졸지 않기 위해 이런 노래만 트는 걸 수도 있다. 안데스의 사람들은 슬프자면 한없이 슬픈 곡을 갖고 있을 것이다. 그 유명한 '엘 콘도르 파샤'보다 몇 배는 더한. 그런 노래를 찾고 싶었지만 쉽지 않았다.

대부분의 여행자는 남미여행에서 페루를 빼놓지 않는다. 그 중심엔 마추픽추가 있다. 마추픽추에 가는 방법은 페루레일 혹은 잉카레일 등의 기차가 일반적이다. 그 외에 잉카인의 길을 따라 마추픽추까지 3박4일간 걷는 잉카 트레일이 유명하며, 청춘은 자전거와 카약, 도보로 2박3일간 가는 정글 트레킹도 많이 한다

(청춘이라는 수식어에서 보듯 체력이 요구되며, 대관령의 세 배 되는 듯한 내리막을 자전거로 내려가는 담력도 필요하다). 나는 여섯 시간 버스를 타고, 기찻길을 따라 네 시간 걸어 마추픽추 아래의 마을인 아구아칼리엔테에 도착, 하루를 묵고 마추픽추에 올라가는 일정을 택했다. 말이 버스 여섯 시간이지, 비포장도로의 깎아지른 절벽을 오르내리는 기사님을 위해 주기적으로 음악을 바꿔 틀어 줬다. 그가 도로가 아닌 카스테레오로 눈을 돌리게 할 순 없었다. "아레키파! 쿠스코!" 지명을 외치는 4인조 남성그룹의 노래는 따라 부를 만큼 들었다. 가는 도중 마을에 들러 점심을 먹었다. 승객 모두의 식사를 챙기는 이 슈퍼 겸 식당이 마을에서 가장 부유할 것 같았다. 그만큼 작고 조용하고 황량해서 딱히 일자리를 갖거나 농사를 지을 수 없을 것 같은 마을이었다.

아구아칼리엔테까지 기찻길을 따라 걷다 죽을 뻔했다. 폐쇄된 줄 알았는데 여전히 기차가 다니는 길이었다. 기차가 등 뒤까지 왔을 때 어느 여행자가 나를 끌어당겨 살았다. 죽음과 함께 걷지만(나의 부주의 탓이지만) 나쁘지 않았다. 그렇게 바라던 다른 세계로 온 거다. 우월감이 비 오는 기찻길을 즐겁게 했다. 옆에는 우기의 강이 거칠게 흐르고 있었다. 빠지면 순식간에 시야에서 없어질 만큼 거셌다. 해 질 무렵 아구아칼리엔테에 도착했다. 수증

기로 찬 공기 덕에 마을의 노란 등불이 촉촉이 번졌다. 영화 〈센과 치히로의 행방불명〉이 떠올랐다.

마을은 여행자를 받기 위해 열심히 건물을 올리고 있었다. 호객 아주머니를 따라간 게스트하우스도 언덕에 새로 지은 건물이었다. 안타깝게도 손님은 나와 일행 4인이 다였다. 대여섯 살 난 딸과 아들은 내가 과자를 먹거나 휴대폰을 보고 있으면 다가와서 함께 놀았다. 조식이 없어 매일 세끼를 사 먹었는데 관광지답게 모든 게 비쌌다. 가장 싼 엠파나다(속을 채워 굽거나 튀긴 빵)를 골랐지만 고기소가 역해서 거의 먹지 못했다. 콜라에 의지했다. 저녁에 기분을 내려고 레스토랑에 들어갔지만 강남의 물가만큼 비싸 양껏 시키지 못했다. 예상치 못한 돈이 나가자 우리는 조금 예민해졌다. 마을에서 마추픽추를 오가는 버스도 비싸서 걸어 내려왔다. 마추픽추라는 매력 아이템을 가진 페루에게 뜯기는 처지였다.

마추픽추. 그곳이 왜 전 세계의 여행자를 끌어모을까. 해발 2,400미터의 험한 봉우리에 세운 도시라 신기해서? 그곳에 살던 잉카인들이 홀연히 사라진 미스터리 때문에? 처음엔 마추픽추에 대한 기대감이 없었다. 엽서에서 본 그대로지 싶었다. 〈꽃

보다 청춘〉에서 유희열, 이적, 윤상이 마추픽추를 보면서 운 이유는 고산병으로 심신이 허약해져서라고 생각했다. 그러나 막상 마추픽추에 도착하니 시간 가는 줄 모르고 한참 봤다. 잉카인의 도시는 무척 꼼꼼하고 정교했다. 많은 여행자가 일출을 보려고 새벽부터 찾아왔고 오후 늦게까지 내려갈 줄을 몰랐다.

숙소가 있는 쿠스코로 돌아갈 때는 오던 길을 되짚었다. 기찻길을 걸어가 우리를 쿠스코로 데려갈 봉고차를 기다렸다. 당연히 제시간에 오지 않았고 아무도 그러리라 기대하지 않았다. 많은 여행자가 하나의 목적지(마추픽추)에 다녀왔음이 분명한 기운을 풍기며, 또 거의 비슷한 목적지(쿠스코)로 가기 위해 한자리에서 기다리고 있었다. 동질감이라 하면 너무하고 뭐랄까, 서로를 이해하기에 어느 정도는 용인하고 받아들이는 훈훈함이랄까. 예를 들면 화장실이 없으니 노상방뇨를 방관하고(물론 숨어서 일을 본다), 행상 할머니가 파는 바나나를 사 먹을지 말지 비슷한 고민을 하는 것. 여행자의 기운이 이곳에 생기를 주었다. 쏟아지는 비를 맞으며 기다린 여행자들은 예약과 상관없이 무작위로 봉고차에 탔다. 어차피 방향은 모두 쿠스코며, 비가 내려 다리가 무너졌기 때문에 우선은 빠져나가는 게 중요했다. 봉고차를 타고 가다 내려, 나무로 엮어 만든 간이다리를 건너고, 다시 봉고차를 기다리

고 열두 시간 즈음을 달려 쿠스코에 도착했다. 무릎이, 무릎이 아니었다. 닭장 같은 차 안에서 내려 크게 숨을 들이쉬었다. 마추픽추라는 '머스트' 일정을 해냈다는 안도감도 들고, 이 아름다운 쿠스코에서 무얼 할지 설레었다.

안녕
페루

쿠스코

페루

안녕
페루

○

　　마추픽추를 다녀온 후 쿠스코 근교를 둘러보기로 했다. 산속의 염전인 살리네라스, 고대 잉카인의 실험 농경지인 모라이 등을 관람하는 패키지를 게스트하우스에서 예약했다. 게스트하우스는 수완 좋은 주인이 운영해 늘 만실이고(밍밍하지만 나오는 것만으로 고마운 핫초콜릿과 팬케이크 조식도 인기 요인 중 하나), 각종 투어를 예약 받아 부수입을 올렸다. 나는 게스트하우스의 거실 소파에 앉아 늙은 고양이를 쓰다듬거나 도우미 아주머니의 딸에게 로션을 발라 주곤 했다. 아이에게 여행자는 말을 거는 성가신 존재여서 무척이나 새침한데, 로션을 발라 주면 거울을 보며 흡족해했다.

투어 당일, 비가 내렸다. 투어사 직원이 광장에서 언덕의 게스트하우스까지 나를 데리러 왔다. 이럴 거면 다들 광장에 모이라고 하면 되지 않나 싶었다. 아저씨의 수고가 무색하게 내가 다른 관광버스를 탔다. 가이드끼리 연락을 주고받아 제대로 갈아탈 수 있었다. 매년 수천 명의 여행자를 받는 쿠스코의 여행사는 촘촘히 연결된 듯했다. 버스는 첫 번째로 산속의 염전인 살리네라스에 내려 주었다. 우기여서 푸르지 않고 흙색이었다. 감흥 없이 둘러보는데 리마에서 온 관광객이 말을 걸었다. 어머니와 중국 여행을 다녀오고 형은 파일럿이라 하니 리마의 부촌에 사는 도

런님 같았다. 내가 한국 사람이라니까 두나베이의 팬이라고 인스타그램을 보여 줬다. 두나베이는 배두나였다. 그는 배두나가 출연하는 미드 〈센스8〉을 챙겨 봤다. 대화 소재가 떨어진 우리는 다시 관광버스로 돌아갔다. 다음은 잉카가 산악지대의 부족한 농경지를 해결하고자 만든 계단식 경작지인 모라이였다. 입장료가 한국 돈으로 3만 원가량이어서 들어가지 않았다. 어느 날은 돈을 아끼고 어느 날은 막 쓴다. 술 사는 데는 몇 만 원을 아끼지 않는데…. 모라이 밖의 잔디에 앉아 꾸벅꾸벅 졸다가 버스를 제일 늦게 탔다.

투어 다음 날에는 병원에 갔다. 나스카를 떠난 후부터 눈에 하얀 물감을 푼 듯 뿌옇게 보였다. 여행자보험 회사에 연락하니 쿠스코의 병원을 연결해 주었다. 병원은 생김새가 한국과 다르지 않지만 화장실에 휴지가 없었다. 의사는 나와 비슷한 연배의 여성이었다. 그녀는 밤에 출근해 두 시간 정도 진료를 보는 듯했다. 병원을 옮겨 다니며 시간제로 일하나 싶었지만 물어볼 수 없었다. 의사는 영어를 못했고, 나는 스페인어를 못했다. 의사는 통역을 불렀다. 외국인 관광객이 많은 쿠스코여서 그런지 병원에 전담 통역사가 있었다. 이름은 세실리아로 20대 중반이나 됐을까, 청바지에 롱부츠를 신고 짧은 재킷과 스카프를 멋스럽게 두

른 멋쟁이였다. 그녀는 영어와 이탈리아어, 당연히 스페인어를 하는데, 아쉽게도 한국어는 못한다고 했다. "한국어를 배우려는데 너무 어려워." 나는 3개 국어를 하는데 뭘 또 하냐고 했다. 그녀는 영어가 통하지 않을 땐 구글 번역기를 열어 한국어로 변환했다. 서너 차례 병원에 갈 때마다 우리는 의사를 기다리며 하릴없이 대화를 나눴다. 함께 줄 선 주민들은 내가 신기한지 힐끔거렸다. 관광지가 아니라 동네 병원이니까. 팔 다친 소년을 꼭 안은 아버지, 유모차를 끌고 온 젊은 부부도 있었다. 의사에게 나는 골치 아픈 환자였을 거다. 말도 통하지 않고, 눈병의 원인이나 치료법을 찾기 어려웠으니까. 귀국 후 한국 안과에 갔을 때도 "잘 모르겠다, 그럴 수 있다"라며 안약을 처방했다. 그나마 쿠스코 의사는 눈을 한참 들여다보고 고심하며 진단과 처방을 내려 주었다. 매번 달랐지만. 처음엔 내 말대로 모래가 눈에 들어가서 긁혔다 했고(사막에서 모래바람을 맞은 뒤 눈이 변했다), 처방한 안약이 먹히지 않아 두 번째 갔을 때는 고양이로 인한 바이러스 감염이 라고 했다. 한국에선 괜찮았어도 외국에서 발병할 수 있다고. 정말 한국에서 고양이를 키우고, 게스트하우스에서 고양이와 놀던 터라 신뢰했다. 의사는 내 눈의 회복 시기를 "마추픽추를 다녀올 때쯤"이라고 했다. 쿠스코의 의사만이 할 수 있는 말이다. 외국인 환자에게 마추픽추를 어떤 경로로 가는지, 며칠 일정인지, 다른 도시로 언제 떠나는지, 마추픽추 때문에 무리하지 말라 등을 묻고 조언한다. 사실 지금까지도 눈이 선명하지 않다. 그래도 당시에 "심각합니다. 한국으로 돌아가세요"라고 말하지 않아 줘서 얼마나 고마운지.

밤에는 쿠스코의 클럽을 들락거렸다. 게스트하우스 앞의 현지인이 줄 서는 클럽에는 종종 경찰차가 출동했다. 나는 여행자가 즐겨 가는 광장 쪽 클럽에 갔다. 음악은 힙합이든 팝이든 '기승전 살사'로 편곡되었다. 살사를 기가 막히게 추는 커플이 스포트라이트를 받았다. 캐나다에서 유학 중인 페루 남자와 춤을 추었다. 양쪽 볼을 연달아 대며 허공에 키스하는 인사법을 몰라 헤어질

따 볼에 진짜 키스를 했다. 메시지를 전한 건지, 그는 "내일 맥도 늘드에서 만나자"라고 했다(쿠스코 광장에는 맥도날드, KFC, 스타벅스가 있다). 스캔들을 만들고 싶지 않아 거부했는데, 후에 마추픽추 가 는 길에 그를 만났다. 배낭에 라디오를 매달아 힙합을 크게 틀며 마추픽추로 올라갔다. 밤에 본 사이가 낮에 만나면 그렇듯 좀 수 줍게 인사를 했다.

투어, 병원, 클럽이 아니면 쿠스코의 광장에 하릴없이 앉아 있었 다. 많은 여행자가 "돌아보니 쿠스코가 가장 아름다웠다"고 말 한다. 뭐가 예쁜지 콕 집을 순 없는데 아름답다고 할 수밖에 없 는 미인. 2월의 쿠스코는 비가 자주 내렸고, 햇빛은 뜨겁게, 바 람은 차갑게, 자신이 할 수 있는 한 최선을 다하는 기온이었다. 여분의 옷을 갖고 다니며 한 꺼풀 벗거나 입어야 했는데, 나중 엔 귀찮아서 추우면 추운 대로 더우면 더운 대로 쿠스코를 아름 다워 했다. 광장에선 사람 구경을 했다. 영화 같았다. 일정한 화 면 안에서 다양한 개성과 인종을 가진 등장인물이 바뀌었다. 휴 식을 즐기러 온 현지인 가족도 많았다. 인디오 전통의상을 입은 나이 든 여성들도. 그들은 길고 풍성한 검은 머리를 갈래로 땋 거나, 땋은 갈래의 끝을 하나로 묶었다. 겹쳐 입은 듯 풍성한 플 레어스커트와 카디건, 방직 모양의 숄을 걸치고, 반 양말에 낮은

굽의 구두를 신고 살짝 뒤뚱거리며 걷는 모습이 멋스러웠다. 다들 모자도 썼다. 진심 패셔너블하여 카메라에 담고 싶었는데 인물 사진은 쉽지 않다. 죄책감마저 든다. 특히 아이에게 카메라를 들이대는 내 모습이 꼴 보기 싫었다. 쿠스코는 유명 관광지여서 그런지 광장을 중심으로 경찰이 단속을 많이 했다. 물건을 파는 상인이나, 별 뜻 없어 보이는(그들 눈에는 그렇지 않은) 페루인들에게 심문하는 모습을 종종 봤다. 저녁이 오고 추워지면 몸을 떨며 게스트하우스로 돌아갔다. 꼭 인디오 아주머니들이 라마 털로 짠 스웨터를 살 거라고 다짐하면서.

쿠스코는 페루 일정의 마지막이었다. 볼리비아의 코파카바나로 가기 위해 버스터미널에 갔다. 시간이 남아 터미널 옆의 작은 식당에 들렀다. 페루에서 먹은 음식 중에 가장 맛있는 치킨 한 조각과 밥이 플라스틱 그릇에 나왔다. 옆에서 페루 아주머니가 같은 메뉴를 드시고 계셨다. 관광객과는 별개의 삶이었다. 유적지보다 이것이 진짜 페루의 매력이 아닐까. 페루를 거의 보지 못하고 떠나는 것 같았다.

목욕한 별들의
밤

코파카바나

볼리비아

목욕한 별들의
밤

○

　페루의 쿠스코에서 밤 10시 30분 버스를 타고, 다음 날 오전 11시가 다 돼서 볼리비아의 코파카바나에 도착했다. 코파카바나는 페루와 볼리비아의 국경에 위치해 동네 주민센터 같은 건물에서 너무나 간단한 입국심사를 거쳤다. 이곳엔 남미에서 가장 큰 호수인 티티카카가 있다. 8,372제곱킬로미터의 호수는 볼리비아와 페루에 걸쳐 있다. 어린 시절, 고향 예산의 예당 저수지를 차로 지날 때 ‘아, 언제까지 이어질까. 강이라 해도 믿겠어’ 했다. 버스를 타고 티티카카 호수를 지날 때는 ‘바다라고 해도 믿겠어’ 했다. 볼리비아는 칠레와의 분쟁으로 바다 인접 지역을 잃어서 내륙 국가가 되었지만 해군이 존재한다. 그들은 티티카카 호수에서 훈련을 한다. 해군이 주둔해도 어색하지 않을 만큼 바다 같은 호수다. 해발 3,812미터에 위치해(백두산이 해발 2,750미터) 밤에는 기온이 급격히 떨어진다. 페루에서 지겹게 떨었던 추위는 코파카바나에서도 여전했다. 마크 트웨인이 “내가 경험한 가장 추운 겨울은 샌프란시스코의 여름이다”라고 했듯이 무방비로 당하는 추위는 세다.

코파카바나의 버스터미널에서 내리니 언덕이었다. 한 여행자는 “어디선가 여행을 자극하는 풍경 중 하나로 이 길이 꼽혔다”라고 말했다. 좁은 언덕을 내려가다 갑자기 바다처럼 넓고 푸른 호

수가 펼쳐지기 때문일 거다. 버스에서 밤을 보낸 다음 날의 풍경
은 체력을 이기기 힘들기에 감흥 없이 트루차를 먹으러 갔다. 트
루차는 송어튀김으로 페루와 볼리비아의 대표 음식 중 하나다.
호숫가엔 포장마차 20여 개가 늘어서 있었다. 한국인이 자주 찾
는다는 '12번 포차'로 들어갔다. 트루차의 종류가 다양했다. 천막
내부에 "디아블로 트루차가 짱"이라고 한국말이 쓰여 있었다. 시
큼한 소스를 뿌린 트루차와 볼리비아 맥주인 파세냐를 먹다 고
개를 들었다. 작열하는 태양 때문인지 깨끗한 공기 때문인지 해
발이 높아서인지 깨끗하게 씻은 듯 선명한 호수가 펼쳐졌다.

오후에는 보트를 타고 티티카카 호수 내의 '태양의 섬'에 들어
갔다. 약 두 시간 걸렸다. 돛단배와 박빙의 레이스를 할 만큼 느
려서 '보통의 보트'라면 한 시간 내로 주파할 듯했다. 보트엔 젬
베를 치고 노래를 부르는 보헤미안들이 탔다. 짐은 일회용 텐트
와 가벼운 배낭이 다였다. 태양은 뜨겁고 바람은 춥고 섬이 코앞
에 보이는데 보트는 도착할 생각이 없었다. 젬베 소리가 점점 줄
어들고, 다들 뱃머리에 앉아 풍경을 보거나 꾸벅꾸벅 졸기 시작
했다. 매표소 직원의 말과 다르게 보트는 남섬이 아닌 북섬에 내
렸다. 몇몇 승객이 화를 냈다. 태양의 섬은 남과 북에 정류장이
있는데, 아마도 좀 더 볼 게 많은 남섬을 기대한 모양이었다.

섬에 발을 딛자마자 원주민이 입장료를 요구했다. 안내책자에선 내지 않아도 된다고 했지만 당당하게 요구하는 데다 한화로 1천 원 정도라 지불했다. 숙박객을 구하는 주민도 여럿 나와 있었다. 입장료를 요구한 주민 말고는 다들 수줍어했는데, 그중 유독 수줍어하는 아주머니를 따라갔다. 숙소는 해가 지면 불빛이 없는 언덕을 올라가야 해서 위험했지만, 지금도 그곳에 머물길 잘한 거 같다. 무언가를 묻거나, 요구하거나, 심지어 숙박비를 지불할 때도, 아주머니는 부끄러워서 기둥에 숨는 만화 캐릭터처럼 행동했다. 관광지에서 숙박업을 하는 이가 이렇다면 볼리비아인의 평균 착함이나 수줍음 지수는 굉장히 높지 않을까. 이후 만나는 볼리비아인은 척박한 환경에서 보란 듯이 선을 쟁취한 것처럼 한결같이 선했다.

북섬 내에는 작은 슈퍼와 레스토랑이 서너 개 있었다. 물가는 컵라면 하나에 2천 원 정도로 좀 비쌌다. 바나나와 와인만 샀다. 술에 취해 코파카바나의 별을 보러 나갔다. 테라스에는 이미 네 명의 투숙객이 별을 보러 나와 있었다. 전문 사진가라는 유럽인은 별의 실물을 카메라에 담아내 부러움을 샀다. 나는 20만 원짜리 디지털카메라를 내려놓고, 취한 김에 테라스에 벌렁 누워 버렸다. 낮만큼이나 밤하늘도 목욕한 듯 깨끗했다. 은하수가 강을 이루고 별이 너무 많아 땅으로 쏟아질 것처럼 무거웠다. 밤공기에 볼이 싸늘해 뜨거운 입김을 차가운 대기로 내보냈다. 펼쳐질 날에 대한 설렘, 아직도 긴 시간이 남았다는 안도감이 들었다. 중학교 때 도서관을 나오면서 본 밤하늘도 생각났다. 그때도 별이 많아 설레었다. 긴 시간이 남았다는 안도감도. 그제야 시간이란 존재에 가슴이 메었다.

테라스 바닥에서 찬 기운이 스멀스멀 올라와 방으로 들어갔다. 밤새 오들오들 떨었다. 다리도 가려웠다. 페루에서 물린 베드버그가 온몸에 원정을 다니는 듯했다. 베드버그는 신경질적인 상사만큼이나 나를 괴롭혀 '다시는 모포를 덮나 봐라' 했는데(베드버그 진원지로 모포가 의심됐다) 너무 추워서 '어디 남는 모포 없나' 하며 잠들었다.

각자의
삶

라파스

볼리비아

○

　코파카바나에서 볼리비아의 행정수도인 라파스에 도착했다. 페루와 볼리비아를 여행할 때 라파스는 우유니 소금 사막으로 가는 중에 '찍는' 도시로 여겨지곤 한다. 내게도 그랬다. 온 신경이 우유니의 환상에 쏠려 있었고, 라파스는 위험하다고 익히 들어 오래 머물 생각이 없었다. 도착 전부터 브래지어에 경비를 숨기고, 푼돈은 뺏길 각오로 지갑에 넣었다. 라파스 터미널에 도착하고 500미터도 안 되는 게스트하우스까지 택시를 탈지 고민했는데, 이 역시 납치 위험이 있다 하여 빠르게 걸어갔다.

게스트하우스는 한때 부잣집이었음을 보여 주는 고풍스러운 분수대와 복잡한 장식의 창틀이 있고, 오랜 시간 돌보지 않은 듯 조용히 낡아 버린 곳이었다. 접수대에서 숙박비를 깎으려고 애썼지만 직원은 '너란 녀석들 많이 봤다'는 태도였다. 동행한 부부는 "우리는 침대 하나만 쓰겠으니 깎아 달라"고 했는데, 여기에도 평정심을 잃지 않는 직원을 보며 깎기를 단념했다. 이곳은 남미에서 가장 좋았던 숙소 중 다섯 손가락에 든다. 라파스의 젊은 예술가와 힙스터가 모이는 아지트였다. 축구와 레슬링 경기 관람, 라파스에서 유명한 '데스로드' 자전거 달리기 등 여러 프로그램도 운영했다. 이를 공지하는 게시판의 아름다운 필체는 젊은 예술가가 심혈을 기울여 썼다. 사다리에 올라 벽 위쪽에 달린 게시판에 그림에 가까운 글을 쓰는 모습이 '힙'스러워 나도 모르게 카메라를 들이댔다. 그의 '뭐 이런 걸 다'란 쿨한 반응에 머쓱했다. 타인 촬영은 대부분 결례다.

조식도 꽤 훌륭했다. 바나나, 커피, 빵, 버터, 강냉이 비슷한 콘플레이크를 줬는데 다 먹지 못할 만큼 양이 많고 커피도 맛있었다. 조식을 먹는 식당은 바이기도 했다. 라파스가 위험하다는 생각에 술집에 가지 못하는 대신 이곳에 눌러 앉아 '세르베사⁽맥주⁾'를 주문하며 늦게까지 마셨다. 경쾌한 남미 음악이 흘러나왔다. 밤 12시에는 바텐더가 퇴근했지만 투숙객들은 새벽까지 얘기를 나눴다. 하루는 조식을 먹는데, 옆 테이블에서 남미 청년이 기타를 쳤다. 치다가 노트에 필기를 하고 다시 치기를 반복했다. 작곡을 하는 듯했다. 가끔 '알함브라 궁전의 추억' 같은 익숙한 곡을 연주했다. 아름다웠다. 아침의 남는 시간에 '할 일'이 있는 것, 자신이 좋아하는 일이라는 것, 타인의 인정과 상관없이 온전한 자신이 존재하는 것. 나도 몰두할 예술이 있길 바랐다. 잡지 에디터 일을 하며 허세만 있는 어쭙잖은 아티스트를 인터뷰하느라 지쳐 예술이란 행위를 멀리했는데, '작은 예술'을 하고 싶어졌다. 그게 사랑하고 여행하는 것만큼이나 시간을 제대로 보내는 방법이 아닐까. '나는 왜 글을 쓰지 않는가'라며 눈물이 났다.

Manaco

아침을 먹으면서 말이다.

해발 3,600미터의 라파스는 오목한 그릇 형태의 지형이다. 그릇의 위쪽은 저소득층이, 아래쪽은 고소득층이 산다고 한다. 행정 수도인 만큼 시내는 복잡하고 교통체증이 심했는데, 매연이 그릇 밖으로 나가지 못하고 아래에 맴돌아 오히려 위쪽에 사는 게 건강하지 싶었다. 해발이 높지만 시야가 뿌연 것도 이 때문일 것이다. 매연에 콜록대면서도 지갑을 도둑맞을까 두려워 손으로 쥐고 걸었다. 축구 유니폼을 입고 흥분에 가까운 노래를 부르는 청년들이 지나가서 벽에 바짝 기대 비켜 줬다.

"축구 경기가 있는 날이에요." 게스트하우스 직원이 말했다. 여행 당시는 남미의 챔피언스리그인 코파 리베르타도레스 기간이었다. 경기는 밤 9시지만 점심부터 유니폼을 입고 다닐 만큼 축구의 인기가 높았다. 혼자서는 밤 경기를 보는 게 무서워 동행 D를 설득해 경기장에 표를 끊으러 갔다. 매진일 수 있대서 오후 3시쯤 갔는데 이미 사람이 붐벼 50여 명의 경찰이 정렬해 있었다. 이왕이면 하는 마음으로 가장 비싼 표를 끊었다. 숙소로 돌아와 경기 시간만을 기다렸다. 다른 일행들은 라파스의 야경을 보러 간다고 했다. 나와 D는 버스라고 불리는 봉고차를 타고 축구 경기장으로 갔다. 볼리비아 국가대표 유니폼을 입은 소녀 승객이 함께 사진을 찍자고 했다. 도착해 소녀와 같은 유니폼을 샀다. 볼리비아보다 후원사인 '삼성' 혹은 'HUAWEI'가 더 크게 쓰여 있었다. 아쉽게도 경기장은 주류 반입 금지라, 알딸딸한 상태로 신나게 즐겨 보자는 의도는 무산되었다. 취했다 할 만큼 흥분한 아저씨 팬들과 사진을 찍고 "볼리비아!"라고 함께 소리 질렀다.

이날은 볼리비아와 콜롬비아의 경기였는데, 볼리비아가 5 대 0 으로 압승했다. 대부분이 축구 강국인 남미에서 볼리비아는 약 체인 편이다. 하지만 홈경기에서는 거의 이긴다. 해발 3,600미 터의 경기장은 조금만 뛰어도 숨이 차고 어지럽기 십상이다. 최

고의 플레이어라 해도, 이곳에서 나고 자란 홈팀 선수를 당해 내기란 어렵다. 콜롬비아 선수는 헛발질을 하고, 밀지도 않았는데 혼자 넘어졌다. 볼리비아 팬들은 예견된 승리를 만끽하고 있었다. 코파 리베르타도레스 기간에는 남미 어디를 가든 축구 경기를 보는 함성이 있었는데, 2016년 시즌은 콜롬비아가 우승했다. 라파스에서의 굴욕을 생각하면 참.

VIP석인 내 옆에는 한 가족이 앉아 있었는데, 부인은 마이클코어스 가방과 시계를 차고 있었다. 둘러보니 다들 말끔하게 차려입었고 마이클코어스 가방이 많이 보였다. 유행인 듯했다. '볼리비아=남미의 빈곤국'이라며 이런 풍경을 생경해했다. 금방 얼마나 우스운 생각인지 얼굴이 화끈해졌다. 무엇이든 여러 상황과 사람과 복잡한 요인이 섞이는데, 왜 하나에 끼워 맞추려 할까. 후에 칠레 산티아고에서 네 명의 아기들이 어우러진 동상을 보았다. 칠레와 아르헨티나를 상징하는 아기는 자신만만하게 앞서 있고, 페루 아기가 뒤로 떨어지려는 볼리비아 아기를 잡고 있었다. 페루가 의리상 볼리비아에게 구원의 손길을 놓지 않는다는 뜻이라고 가이드가 말했다. 설명을 들은 사람들은 '역시!'라는 듯 고개를 끄덕이며 가이드의 재치 있는 비유에 웃었다. 나는 웃지 못했다. 누구든 각자의 생이 있듯이 볼리비아에도 각자의 삶

이 있기 마련이다. 내 옆에 앉은 마이클코어스 팬인 멋쟁이 마담
도, 라파스 게스트하우스의 힙스터도 각자의 삶을 살고 있다.

부엌에서 잠든
아기

우유니

볼리비아

부엌에서 잠든
아기

○

　　남미에 오는 대부분의 여행자는 마추픽추나 우유니 소금사막을 목표로 삼는다(편견일 수 있지만 내가 만난 여행자들은 그랬다). 우유니 소금사막으로 신혼여행 온 부부도 만났다. 일주일의 휴가에서 왕복 시간 4일을 빼고, 남은 3일 동안 강행군에 지친 부부는 싸웠다. "대체 일주일밖에 없는데 왜 굳이 여기를 온 거야!"라며 남편이 소리 질렀고, 부인은 우유니 소금사막에 세워진 투어 차량 밖으로 한 발짝도 나오지 않았다.

라파스에서 열두 시간 야간버스를 타고 새벽에 우유니 마을에 도착했다. 이빨이 의지와 상관없이 박자를 타며 부딪쳤다. 어느 호객꾼이든 나를 따뜻한 게스트하우스로 데려다주길 바랐는데, 그곳도 따뜻하진 않았다. 추위는 페루부터 칠레, 볼리비아, 아르헨티나를 거칠 때까지 계속되었다. 누구도 남미의 가을이 이렇게 춥다고 얘기하지 않았고, 알아볼 생각도 못했다. 내게 남미는 열대의 이미지여서, 춥다 해도 가벼운 유니클로 패딩을 챙기면 될 줄 알았다. 여행자들은 페루나 볼리비아에서 라마 털로 짠 스웨터와 모자를 샀지만, 나는 비용을 아낀다며 모자 하나만 샀다. 술은 그렇게 사 마시면서 따뜻한 옷 한 벌은 사지 않았으니 춥다고 할 자격도 없다.

우유니는 시내를 둘러보는 데 30분도 걸리지 않는 작고 조용한 마을이다. 주민 대부분이 관광업에 종사하나 싶을 만큼 여행사가 많았다. 그중 한국인이 즐겨 찾는 두 군데가 있다. 사진을 기막히게 잘 찍기 때문이다. 끝없이 하얗고 투명한 소금사막에서 원근감은 실종되기 때문에 공룡 인형이나 콜라 캔을 두고 사람을 소인국 시민처럼 찍는 기법이었다. 동행들은 그곳을 원했지만 남미여행자 단톡방에서 사고 소식을 들었기에 반대했다. 가이드가 음주운전으로 교통사고를 내 일본인 네 명이 사망했고, 여행사 사장이 심하게 흥정하는 한국인 여성에게 침을 뱉는 사건도 있었다(관광객이 얼마나 안하무인인가 싶지만, '그래도 되는' 사건은 거의 없다).

우리는 적당해 보이는 다른 여행사에 들어갔는데, 그곳도 원근감 실종을 보여 주는 사진과 한국어 추천사가 붙어 있었다. 낮에 종일 소금사막을 보는 데이 투어와 일출과 일몰을 보는 투어를 예약했다. 가이드인 빅토르는 한국말을 꽤 했고 운전 중에는 최신 한국 노래를 틀어 주었다. 케이팝이 어디서 났느냐고 물으려다가 여기에도 인터넷은 있다는 생각에 입을 다물었다. 하루 종일 투어를 한 다음 날 새벽에도, 밤에도 빅토르가 나왔다. 소금사막의 교통사고는 이들의 만성피로가 큰 이유지 않을까 싶었다. 비싼 투어 비용은 여행사에서 주판을 굴리는 사장의 몫이고 빅토르의 월급은 무척 적을 것이다. 빅토르는 사진 기술이 뛰어나 소품을 적절히 활용해 촬영을 해 주었다. 소금사막에선 유독 한국인이 굉장한 열의를 가지고 사진 연출에 애쓰는 편이다. 원시인 연기를 하며 공룡 인형에 놀라는 표정을 짓고, 'UYUNI' 알파벳을 몸으로 만들기도 한다. 여행 후에, 소금사막을 다녀온 한국인들의 SNS 사진을 보니 거의 비슷했다.

아쉽게도 '세상에서 가장 큰 거울'이라는 소금사막을 보기란 힘들었다. 소금 때문에 반짝반짝 빛나는 하얀 평원은 아름다웠지만, 수증기 낀 욕실 거울처럼 뿌옇게 사물을 비쳤다. '죽기 전에 가 봐야 할 곳'이란 기사 속 사진 같은 소금사막은 언제 나오려나, 3일 내내 찾아갔다. 낮에는 소금사막을 방문하고 틈틈이 "춥다"를 연발하고, 시내로 돌아와 김치볶음밥을 먹었다. 한국 주재 볼리비아 대사관에서 일했던 직원이 운영하는 식당이었다. 김치가 스친 고추장 양파볶음밥에 가까웠지만 매일 그곳을 찾았다. 이전엔 여행지에서 한식당을 찾은 적이 한 번도 없었는데 남미 여행 중에는 유독 한식이 그리웠다. 남미 음식이 맞지 않았다기보다 내가 변했기 때문일 것이다. 사람은 변한다. 어떻게 변하는지가 중요하다. 미처 손쓰기도 전에 변하기에, 순간순간을 '구리

지 않게' 살아야 한다. 현지 음식보다 네다섯 배 비싸서인지 김치볶음밥을 먹으면서 별생각이 다 들었다.

기대를 내려놓은 마지막 날이었다. 볼리비아 우유니에서 칠레의 아타카마 사막으로 넘어가는 2박3일 투어를 떠났다. 이른 아침에 출발해 소금사막에 또 갔는데 전혀 다른 풍경이 펼쳐졌다. 관광 차량들이 밟기 전이라 온전히 깨끗한 소금사막이었다. 계속 달려 소금을 채취하는 농부를 보았고 우유니의 끝에 닿았다. 끝이 없을 것 같은 평원이지만 끝은 있고, 야트막한 산이 둘러싸고 있었다. 양말을 벗고 차갑게 찰랑거리는 우유니를 걸었다. 소금 결정도 맛보았다. 인터넷을 찾아보니 이 소금은 우기 때 씻기는 과정을 반복해 순도가 높고, 잡맛이 없어 김장 배추를 절일 때 뛰어나다고 나와 있었다. 세상에, 김장 배추 절일 때라니.

소변이 급했지만 소금사막에 당연히 화장실은 없었다. 우유니의 끝임을 알리는 가로세로 1×3미터가량의 벽만 있었다. 소금사막에 서서 볼일 보는 남자를 부러워하며 벽까지 파워워킹으로 갔다. 그때 '세상에서 가장 큰 거울'이 나타났다. 저 너머의 차 한 대와 사람, 하늘이 그대로 소금사막에 비쳤다. 어디가 실제인지 비친 것인지 구분이 불가능하고 무의미했다. 급한 와중에도 셔

터를 두 번 누르고 급히 화장실로 달려갔다. 개운하게 감상해야지 싶었는데 바지춤을 여미자 거울은 사라졌다. 우유니 소금사막을 꿈꾼다면, 물이 차 있는 우기에 가야 함은 물론 날씨의 영향을 받으니 기간을 오래 잡고 꾸준히 찾길 바란다.

투어 차량은 노을이 질 때까지 그 자리에 머물기로 하였다. 소금사막의 끝에서 지는 해를 바라보았다. 해의 둘레는 층층이 다른 농도의 붉은색으로 타오르다 서서히 산 너머로 사라졌다. 그제야 해가 남긴 붉은 여운에 구름이 물들었고, 이상하게 하늘은 더욱 파란색이 되었다. 오랫동안 노을을 온전히 본 적은 처음이었다. 내 평생 이렇게 아름다운 노을은 마지막일 것 같았다. 사랑하는 사람이 옆에 있길 바랐다. 투어 차량에 함께 탑승한 캐나다인이 말했다. "우린 부자야!(물론 영어로 말했다)" 이렇게 아름다운 풍경을 볼 수 있으니 부자라는 거다. 그래 우린 부자야, 부자! 이 투어 차량에는 일곱 명이 탔는데, 나와 세계여행 중인 한국 청년, "저런 여자랑 결혼해야 한다"라는 부러움을 산 우아한 칠레 여성과 포토그래퍼인 남자 친구, 에르메스를 사랑하며 흰색 셔츠를 즐겨 입는 일본 청년, 1년의 절반은 일하고 절반은 여행을 떠나는 캐나다인 바텐더, 영어를 전혀 못하는 볼리비아 운전기사다. 다행히 스페인어를 하는 캐나다인이 중요한 내용은 영

어로 통역해 주었다. 우리는 2박3일간 투어를 함께하며, 밤에는 여행사가 지정한 가난한 게스트하우스에 모여 와인을 마시곤 했다.

우유니를 지나 칠레의 아타카마 사막까지 가는 여정은 맷 데이먼 주연의 영화 〈마션〉 같았다. 디스토피아의 외계 행성을 그린다면 이런 모습일 것만치 메마르고 건조한 모래바람이 날렸다. 누구는 2박3일 투어의 계속되는 〈마션〉이 지루하다고 했지만, 난 생전 본 적 없는 풍경에 완전히 압도되었다. 크고 작은 간헐천은 짙은 수증기를 뿜으며 콧바람을 내고, 바람은 시끄러울 만큼 세게 불어 눈을 뜨기 힘들고, 이런 환경에 거짓말처럼 호수들이 자리했다. 더 거짓말처럼, 나는 3일째엔 차에서 내리지도 않고 창을 통해 풍경을 보았다. 밖은 너무 추웠고 놀라운 풍경은 반복되었기 때문이다.

변변한 숙소도 없었다. 10시면 단수가 되어 비누칠한 채로 나와야 했으며, 소금으로 만든 벽이 날카로워 벽에 기댈 수도 없었던 소금 호텔과 현지인이 운영하는 숙박시설(이기보다 자신들의 안방에 간이침대를 잔뜩 들여놓은)에서 밤을 보냈다. 현지인의 집은 수줍음이 많은 인디오 아주머니가 운영했는데, 따뜻한 토마토 스파게티와 코카 차를 내주었다. 차를 좀 더 마시려고 부엌에 들어서니 아기가 바구니도 없이 부엌 바닥에 눕혀져 있었다. 아기는 무척 귀여웠으나 괜히 부엌의 뜨거운 주전자라도 건드려서 사고를 칠까 봐 다가가지 못하였다. 형 혹은 오빠인 소년은 샤워시설 앞에서 인당 1달러를 받았다. 척박한 땅에선 당연히 물이 귀하다. 1달러 때문이 아니라 너무 추워서 씻기를 망설였다. 큰맘 먹은 샤워는 뜨거운 물이 새의 눈물만큼 흘렀다. 소년을 불렀는데 신기하게 그가 밸브를 만지자 충분한 물이 흘렀다. 화장실의 수압은 당연히 약했고 물이 안 내려가기도 했다. 소변을 보고 물이 내려가지 않아 수돗물을 받아 변기에 부으려 했다. 소년의 손길이 닿지 않으니 다시 새의 눈물만큼 나왔다. 우리가 부자라던 캐나다인이 말했다. "헤이, 괜찮아. 우린 볼리비아에 있다고." 그는 쿨하게 내 볼일 위에 자신의 볼일을 덧댔다. 그때부터였던 거 같다. 내가 화장실 스트레스에서 해방된 것이. 훗날 휴게소 화장실에서 10대 백인 여성들이 "디스거스팅! 크레이지!" 하며 뛰쳐나왔는데, 나는 진심으로 '이 정도면 괜찮구먼' 싶었다.

숙소의 가족은 샤워시설 앞의 소년 말곤 거의 눈에 띄지 않았다. 아마도 부엌이나 다른 거처에 머무는 듯했다. 이들에게 우리의 숙박비가 얼마나 돌아갈까, 당연히 여행사가 9 대 1로 먹겠지, 1이라도 주려나, 씁쓸해졌다. 수줍게 숨어 있다가 따뜻한 밥을 내오고 자신들은 식탁에서 먹지도 않던 그들을 보며, 수완을 부려 자기들끼리 운영하면 생활이 나아지지 않을까 싶었다. 오만하고 주제넘은 생각이라 나를 쥐어박고 싶어졌다. 지금도 바닥에 누워 있던 아기가 생각난다. 아기가 크면 샤워시설 비용을 받겠지, 하며 그리워만 하기로 했다.

낮잠을 부르는
사막

산페드로데아타카마

칠레

낮잠을 부르는
사막

○

　　볼리비아 우유니에서 2박3일을 달려 산페드로데아타카마(이하 아타카마)에 도착했다. 그동안 봉고차에서 절여진 일행 여섯 명은 별다른 인사 없이 헤어졌다. 전날 취해 와인병으로 피리를 분 일본인 때문에 좀 어색해졌고, 왁자지껄한 인사를 나누기엔 피곤했다. 볼리비아는 추워서 입을 수 있는 모든 옷을 입고 다녔는데, 아타카마는 뜨겁고 건조한 사막지대라 도착하자마자 패딩을 벗었다. 강수량이 거의 없어 건조한, 그렇기에 아름답고 선명한 별자리를 볼 수 있는 곳이다(그러다 한번 비가 내리면 사방에 꽃을 피운다). 별은 소금사막에서 충분히 본 터라 별자리 투어는 하지 않았다. 간헐천도 주요 관광코스다. 그러나 우유니에서 이곳으로 오면서 간헐천이라면 차에서 내리지 않을 정도로 지겹게 봤기에 관심 없었다. 잘 정비되고 풍요로워 보이는 아타카마 마을에 머무는 편이 좋았다.

마을은 자로 그은 듯 반듯하게 구획이 나뉘었다. 제주도처럼 낮은 담장의 단층집이다. 일어서면 무릎까지 오는 큰 개들이 인도에서 늘어지게 자고 있어 장애물 경기를 하듯이 비키며 걸어야 했다. 서로 적대감이 없다. 담장 위의 고양이에게 손을 내밀면 얼굴을 비볐다. 내가 묵은 게스트하우스의 도미토리는 페루나 볼리비아보다 5천 원 올랐을 뿐인데(그래서 약 1만 2천 원) 온수가 평평 나왔으며 넓은 정원과 흔들의자와 아일랜드 주방이 있었다. 슈퍼에서 야채를 사와 토마토 스파게티를 만들거나, 한국인에게 얻은 오징어짬뽕을 끓여 먹었다. 게스트하우스의 강아지는 네 발을 쭉 뻗어 낮잠을 자고, 나는 그 옆에 맥주 여섯 개입을 놓고 멍 때리곤 했다. 아쉽게도 정원의 선베드는 바람에 날아온 사막의 모래가 버석거려 눕지 못했다.

퍼져 있기 좋아도 달의 계곡은 가야 했다. 달의 지형 같아 〈스타워즈〉의 촬영지였던 곳으로 아타카마 관광의 하이라이트다. 모래와 바람이 깎아낸 절벽과 조각들이 만든 계곡. 하지만 이마저도 우유니에서 내려오는 2박3일 동안 비슷한 황량함을 잔뜩 본 후였다. 감흥을 느껴야 한다는 강박에서야 멋져 보였다. 얼른 게스트하우스로 돌아가서 강아지처럼 늘어지다가 깨끗한 샤워시설을 만끽하고 싶었다. 휴지가 있는 화장실도.

밤엔 설렁설렁 동네를 걷다가 무료한 직원이 있는 여행사에 들어갔다. 미처 몰랐던 소금호수 투어를 소개받았다. "염분이 높아 사해처럼 몸이 둥둥 뜨는데 눈에 물이 들어가면 실명할 수 있어요." 다음 날 소금호수를 혼자 찾아갔는데, 얼굴이 물에 닿을까 봐, 누가 짐을 훔쳐 갈까 봐 신경을 곤두세웠다. 소금호수에 이

어 5미터 정도 깊게 파인 라군에도 갔다. 그곳에선 다들 다이빙을 했다. 라오스에서 다이빙을 하다 떠오르지 못했기에 이번에는 마음을 단단히 먹었다. 인생의 즐거움을 놓치고 살 순 없지. 다행히 몸은 떠올랐는데 헤엄을 치다가 힘이 빠져 허우적댔고, 그곳에 있던 모두가 나를 구하거나 걱정해야 했다. 사실 힘이 빠졌다기보다 두려워서다. 내 수영 실력을 못 믿어서다. 함부로 나를 믿었다간 화를 당할 수 있다고 생각했다. 인생의 큰일은 넋 놓던 때에 다가왔고, 이전엔 상상도 못한 수준이었다. 그로 인한 아픔은 내 일부가 되었다. 이제 긍정의 기운들로 그를 극복하고 싶었다. 멋지고 강인한 여행자가 되고 싶다는 욕망은 거의 강박이 되었다. 그러나 현실은 제대로 다이빙도 못하는 우스운 여행자일 뿐이었다.

밤에 도미토리의 여행자들은 별을 보러 갔다. 나는 정원에 앉아 와인을 마셨다. 술은 슈퍼 말고 주류전문점에서만 팔았다. 마을에서 가장 많이 방문한 곳이다. 다음 날 아침에는 버스를 타고 칼라마 공항으로 가 산티아고행 비행기를 탔다. 아타카마에 대해 알아보니 본래 볼리비아령이었으나 태평양전쟁으로 칠레령이 되었다고 한다. 아타카마의 구리광산은 칠레 GDP에 일조를 할 정도로 알짜배기라고. 볼리비아는 해안선을 낀 아타카마를

뺏기면서 바다도 잃고 당연히 구리광산도 잃었다. 인터넷 백과
사전에 누군가 '안습'이라고 등록해 놓았다. 볼리비아가 더 그
리워졌다.

서울
친구

산티아고

칠레

○

　"산티아고에 비가 내린다." 이 말의 의미도 모르고 산티아고에 갔다. 1973년 9월 11일, 칠레 국영 라디오 방송은 맑은 날의 칠레에 엉뚱한 비 예보를 반복했다. 쿠데타 작전 개시를 알리는 암호였다. 그때 수천 명이 납치, 학살당했다는 역사도, 칠레에 온 뒤에야 알았다. 내가 아는 칠레는 소설가 성석제가 출연한 다큐멘터리 속 모습이 다였다. 성석제 작가는 칠레 시골을 방문하여 소년을 만났다. 소년은 수줍지만 낯선 이에 대한 호기심 때문에 작가의 주위를 맴돌았다. 꼭 나 어릴 적 같았는데, 성석제 작가 역시 "나 어릴 적 같다"라며 "칠레인과 한국인은 비슷하다"라고 말하였다. 그때부터 칠레에 정이 붙기 시작했다. 당시엔 칠레에 올 줄 생각도 못했다. 칠레는 그냥 우리와 비슷한 사람이 사는, 세계에서 가장 긴 나라였다.

페루와 볼리비아를 거쳐 칠레의 아타카마에 이어 산티아고에 도착했다. 아타카마는 본래 볼리비아 땅이었던 사막 마을이니, 칠레의 수도 산티아고가 처음 만나는 칠레나 다름없었다. 공항에 내려 버스를 타고 산티아고 시내 중심가로 들어오면서 조금 충격을 받았다. 마치 서울에 온 듯했다. 다큐멘터리에서 소년이 빙그르 돌던 그 칠레가 아니었다. 페루와 볼리비아의 오지 탐험에 지쳤던 나는 이 대도시를 양껏 누리고 싶어 설레었다. 주위에서 "모험, 야생을 좋아한다더니 역시 도시인일 뿐"이란 소리를 할 정도였다.

우선 고장 난 휴대폰을 고치기 위해 삼성 서비스센터에 가야 했다. 빌딩 숲에서 한 군데를 찾아냈으나 삼성 제품을 파는 대리점이었다. "혹시 AS도 되냐"라고 물었지만 그냥 충전기를 사는 데 만족해야 했다. 이어서 거대한 은빛 쇼핑몰을 둘러보았다. H&M도, 자라도 있었다. 개미지옥처럼 빠져나오지 못했다. 청바지와 블라우스와 티셔츠 등 여행자라면 사지 않을 물건을 샀다. 그래도 클럽에 가거나 도시를 산책할 때, 스포츠웨어에서 벗어나고 싶을 때 유용하게 입었으니 과소비는 아니었다(고 말하고 싶다). 스타벅스에서 음료까지 사 들고 나오자 노을이 지고, 영등포 타임스퀘어 앞처럼 거대한 사거리 사이로 퇴근하는 직장인들과 쇼퍼들이 신호등에 맞춰 떼로 움직였다. 산티아고는 칠레 전체 인구의 3분의 1이 산다. 버스를 타고 숙소로 돌아오는 길엔 빌딩 숲 사이로 크고 작은 공원이 많았다. '서울 같은데 서울보다 깨끗하다'란 생각을 했다.

숙소는 산티아고를 대표(?)하는 한인민박인 '고려민박'이었다. "예전엔 방이 모자라 여행자들이 거실에서 잤다"라고 할 만큼

민박이 드물던 시절부터 주름잡던 곳이다. 노부부가 운영하며 당시는 시집 간 딸이 잠시 머물렀다. 주인네는 누군가에겐 불친절함으로 느껴질 만큼, 오랫동안 사람을 상대하면서 생길 수밖에 없는 정확함이 있었다. 우리에겐 여행이지만 이들에겐 일상이다. 여행자라고 무조건 퍼 주고 맞춰 달란 요구는 폭력이다. 선만 지킨다면 주인네는 따뜻하다.

페루에서 발생한 눈병을 대도시 산티아고에서 고칠 수 있으리란 기대로 큰 종합병원을 찾았다. 영어와 짧은 스페인어가 모두 통하지 않아 접수만 몇 시간 걸렸다. 한국의 여행자보험 회사에 전화로 통역까지 부탁해 눈물의 통화비도 남겼다. 왠지 모르게 응급실로 배정받고 또 한참을 기다렸다. '서울이나 여기나 종합병원은 엄청 기다리네'라고 생각했다. 첫 번째 의사는 영어를 전혀 하지 못했다. 친절하여 구글 번역기를 키고 애썼으나, 안 되겠는지 영어가 되는 의사를 연결해 줬다. 그는 현미경 같은 것으로 눈을 들여다보더니 "이상 없다"라고 하였다. 눈이 뿌옇다는데 이상이 없다니? 결국 "잘 모르겠다"란 처방을 얻고 밤 10시가 돼서야 병원을 나섰다. 택시를 탔지만 잘못 내려 한참을 헤매다 민박집에 도착했다. 모든 가족이 나를 걱정하며 기다리고 있었다. 아침 먹고 병원 간다는 애가 밤 12시가 다 되어도 안 나타

나니 말이다. 이곳의 식사시간은 칼인데, 나를 위해 순댓국을 남겨 두었다. "배고프죠? 천천히 먹어요."

후에 주인네 따님과 여행자들은 술을 마시며 이야기를 나눴다. 그곳에 장기로 거주하는 하숙생도 있었다. 소주를 양주처럼 마시는 여행자도 있었다. 근처 한인마트에서 구입한 것이었다. 산티아고에서 한국 식품의 가격은 꽤 저렴했다. 소주가 4천 원으로 서울 식당에서 주문하는 격이다. 나 역시 고추장, 참기름, 깻잎 등을 사댔다. 특히 500원으로 특가 세일하는 사발면이 있었다. "어머 이건 사야 해!" 10여 개가 되는 사발면을 다 먹을 즈음에 누군가 말해 줬다. 유통기한이 2년 지났다고. 미리 알았더라도 샀을 거다. 여행 중에는 쿨(?)해져서 좋다.

고려민박 근처에는 동대문처럼 저렴한 옷 시장이 있었다. 시장 구경도 좋지만 대학가까지 걸어갔다. 길에는 수준 높은 그라피티가, 펍에는 젊음과 맥주와 음악이 넘쳐났다. '서울과 비슷한데 서울과 다른 낭만이 있네'라고 생각했다. 프리 워킹 투어를 할 때는 아르마스 광장, 산티아고 대성당, 모네다 궁 같은 유적지를 들르지만 세련된 여유가 흐르는 갤러리, 카페 거리 등도 들른다. 물론 산티아고에 있는 파블로 네루다의 집도 간다. 마지막은 남

산 격인 산 크리스토발 언덕에서 해산한다. 이곳에서 원하면 푸니쿨라(기차처럼 궤도를 오르내리는 산악 교통수단)를 타고 정상에 올라 도시를 조망할 수 있다. 나도 도시에 왔으니 도시인답게 걷지 않고 푸니쿨라를 타기로 했다. 하차하니 동물원이 나왔다. 무라카미 하루키가 여행을 가면 그곳의 동물원에 간다고 한다. 그때부터 나도 이국의 동물원이 주는 국적 속의 무국적, 동물들의 심드렁함을 좋아한다. 동물원은 관람객이 거의 없었다. 열 명도 마주치지 않았다. 많은 동물도 자리를 비웠다. 다만 언덕에 동물원이 있으니, 낙타 너머로 산티아고 풍경이 펼쳐졌다. 무국적 속의 국적이다.

출구에서 핫도그를 사 먹으며 알았다. 이곳은 정상이 아니라 중간임을. 푸니쿨라는 정상까지 두 번 서는데, 모르고 중간에 내린 거다. 정상까지 올라가려고 길을 찾았으나 걷다 보니 하산했다. 이놈의 길치. 다시 티켓을 사는 게 아까워 걸어 올라갔는데, 어제 산 청바지를 입고 뜨거운 태양 아래에 걷자니 쉽지 않았다. 산 정상의 마리아상이 닿을 듯 닿지 않았다. 다음엔 제대로 푸니쿨라에서 내려 수영장까지 다녀오리라 다짐했다. 도심이 한눈에 내려다보이는 야외 수영장 간판을 발견한 것이다. 다음 날 다시 왔으나 시즌이 끝나 영업을 하지 않았다.

산티아고의 마지막 이틀은 또 다른 한인민박 '까사 아르볼'에서 보냈다. 이스터섬에 같이 가기로 한 여행자가 이곳에 머물렀기 때문이다. 민박집은 마흔 즈음의 여성 두 명이 운영하고 있었다. 왜 그들이 이곳에 왔는지는 물어보지 않았다. 이민 온 한인에겐 각자의 사정이 있으니까. 언니들은 무척 친절했다. 이스터섬에 머무는 5일 동안 짐도 맡아 주었다. 위치는 시내에서 조금 떨어져 있지만 그래도 괜찮은 동네였다. 중앙수산시장에서 해산물 요리를 실컷 먹고, 밤에는 근처 슈퍼로 와인을 사러 갔다. 언제나 가장 싼 와인을 골라도 항상 맛있었다. 여행의 맛, 칠레 와인의 맛 때문이리라. 산티아고에선 와이너리 투어를 자주 간다. 나역시 '운두라가'라는 와이너리를 버스 타고 갔다. 1만 원 정도를 내면 와이너리를 투어하고 와인 테이스팅도 할 수 있다. 포도가 영글지 않은 때라 앙상한 나뭇가지를 보고 거의 알아듣지 못하는 설명을 들어야 했다. 창고의 오크통 앞에서 사진을 찍고 세가지 종류의 와인을 테이스팅했는데, 다행히 맛은 훌륭했다. 기념으로 준 와인잔은 민박집에 선물했다.

산티아고에서 가장 인상적인 건물은 기억과 인권 박물관이다. 칠레 군사 정권의 상처를 기록하고 희생자를 추모하는 곳으로 매우 현대적이고 멋진 건물이었다. 안에는 당시의 참혹한 상황을 말해 주는 영상과 사진이 전시돼 있다. 한편에는 희생자의 사진도 걸려 있었다. 누군가의 딸, 누군가의 친구, 그리고 나일 수도 있는 희생자의 사진을 보니 눈물이 났다. 그만큼 박물관의 전시는 훌륭하였다. 세계의 인권유린을 보여 주는 구역에는 군사 정권 시절의 한국도 있었다. 우리는 기억과 인권 박물관만 한 공간을 만들 수 있을까? 미화나 확대 없이 있는 그대로 보여 주며, 희생자를 진심으로 추모하기에 관람객을 고개 숙이게 만드는 공간.

힙스터의
항구

○

“여기 살고 싶어서 직업을 바꿨어.”

칠레의 항구도시, 발파라이소에서 미국 여성 낸시를 만났다. 그녀는 뉴욕에서 꽤 잘나가는 저널리스트였는데, 지금은 항구 옆 초등학교의 영어 교사로 근무하며, 게스트하우스에서 살고 있다. 내게도 발파라이소는 남미여행을 하면서 처음으로 ‘살고 싶다’는 바람을 들게 했다. 페루, 볼리비아를 여행한 내게 남미는 아름답지만 살기에는 좀 ‘터프’했다. 하지만 칠레의 항구도시들은 달랐다. 세계에서 가장 긴 나라답게 수많은 해변과 항구도시를 끼고 있는데, 그중에서도 발파라이소는 방랑하는 여행자들을 머물고 싶게 만드는 ‘늪’ 같은 곳이다.

발파라이소는 칠레의 수도인 산티아고에서 버스로 두 시간이 걸린다. 보통 여행자들은 산티아고에서 당일치기로 발파라이소에 들른다. 하지만 이곳은 일주일을 머물러도 모자란다.

“시인과 화가, 철학자를 꿈꾸는 많은 이들이 오랫동안 이 북적이는 항구도시의 매력에 이끌렸고, 이들은 선원과 부두 노동자, 매춘부와 함께 투지 넘치는 발파라이소에 ‘무엇이든 상관없다’는 통렬한 분위기를 불어넣었다.”

『론리 플래닛』의 발파라이소에 대한 소개처럼, 쇠퇴한 항구도시 특유의 낡고 바랜 건물과 아티스트들의 컬러풀하고 생기 있는 벽화들이 엄청나게 조화롭다. 칠레는 이곳을 문화 수도로, 유네스코는 세계유산으로 지정했다.

발파라이소의 소토마요르 광장에선 매일 오전 10시, 오후 3시에 프리 워킹 투어가 출발한다. 발파라이소에 온다면 꼭 이 투어에 참여하길. 그저 벽화가 아름다운 항구도시가 아니라 문화와 젊음이 흥건한 이곳의 진짜 매력을 알 수 있다. 다만 45개의 언덕으로 이루어진 발파라이소를 거닐려면 편한 신발을 신어야 한다. 프리 워킹 투어 중 가장 신나는 순간이 언덕을 대신 올라주는 100여 년 된 엘리베이터 '아센소르'를 탈 때였다. 가이드는 페미니스트의 남자 친구였다. "너희 페미니스트의 남자 친구가 되려면 얼마나 힘든지 아니?" 그는 발파라이소에 페미니스트 아티스트들이 왕성히 활동 중이며, 그들의 주된 관심사는 페미니즘과 리사이클링, 돈을 사용하지 않는 물물교환임을 알려 주었다. 여자 친구와 즐겨 가는 아지트에는 버려진 화장실 변기에 키운 꽃이 있다고.

우리는 45개의 언덕 중 가장 화려하다는 콘셉시온 언덕과 바다

가 펼쳐지는 카르셀 언덕 등을 걸었다. 언덕마다 가이드의 '여친'을 비롯한 아티스트들이 그린 벽화들이 빼곡했다. 벽화 없는 집이 드물었다. "45개의 언덕은 곧 45개의 개성을 의미해. 벽화를 보면 언덕마다 스타일이 다르지? 벽화는 그 집주인의 시그니처이기도 하지." 벽화는 문패와 비슷하다. 발파라이소는 색색의 벽화 덕에 종종 '컬러'로 수식된다. 그만큼 카메라를 들이대면 누구나 사진작가가 될 정도로 아름답다.

프리 워킹 투어가 끝나고 걷고 또 걸었다. 가이드의 말처럼 걸을수록 비밀을 발견하는 도시였다. 이곳에 파블로 네루다의 집도 있다(네루다는 칠레의 산티아고, 이슬라네그라, 그리고 발파라이소에 집을 갖고 있다). 네루다는 그의 자서전에서 발파라이소를 이렇게 묘사한다.

"발파라이소는 골목도 많고 모퉁이도 많고 숨겨진 것도 많은 곳이다. 산동네에서는 가난이 폭포수처럼 흘러내린다. 산동네 사람들이 무엇을 먹고 무엇을 입으며, 무엇을 못 먹고 무엇을 못 입는지, 세상이 다 안다. 집집마다 내걸린 빨래와 끊임없이 늘어나는 맨발의 아이들은 벌집 같은 판자촌에서도 사랑은 식지 않았다는 증거다."

그의 집은 발파라이소가 한눈에 내려다보이는 언덕 꼭대기에 있다. 바다를 사랑했던 네루다답게 벽은 창으로 이뤄져 있고, 그가 고민할 때마다 앉았다는 의자는 그 무게만큼이나 꺼져 있다.

해수욕을 원한다면 발파라이소에서 버스로 10분 거리에 있는 비냐델마르로 가면 된다. 페루 쿠스코에서 만났던 병원 직원은 "비냐델마르에 꼭 가 봐야 해"라며 당부했다. 남의 나라임에도! 내가 묵은 비냐델마르의 게스트하우스는 장기 거주하는 칠레인이 많았다. 산티아고 토박이 청년인 마리노에게 비냐델마르에 머무는 이유를 묻자 "산티아고가 쉣"이란다. 쉣? 내가 잘못 들었나? 그는 회색의 산티아고 말고 해수욕을 할 수 있는 이곳이 좋다고 했다. 그리고 밤 10시, 보트를 타고 발파라이소에 가자고 했다. "여행자들끼리 보트에서 맥주 파티를 열곤 하거든." 그렇게 그는 젊음을 기분 좋게 흘리고 있었다. 하지만 비냐델마르를 에메랄드빛 휴양지로 생각하면 실망할 수 있다. 어쩔 땐 해운대를 닮아 친근하다(해운대처럼 회와 소주가 없으니 서운하기까지 하다). 이곳을 칠레인들이 왜 그렇게 사랑하는지는 아마 마리노처럼 오래 머물러야 알 것이다. 나는 다시 발파라이소로 돌아와 며칠을 더 묵으며 젊은 예술가들과 함께 맥주를 마셨다. 그들처럼 그림을 그리고 싶어졌다.

파블로 네루다를
찾아서

기슬라네그라

칠레

○

　파블로 네루다가 누구인지 몰랐다. "파블로 네루다의 집을 찾아갈 거야." "그 사람이 누군데?" "음…『새들은 페루에 가서 죽다』를 쓴 사람이야." 그걸 쓴 작가는 로맹 가리다. 파블로 네루다는 노벨상 수상자이자 시인이고 정치가이면서 정부의 탄압을 받은 칠레의 정신적 지도자다. 소설가 김영하가 팟캐스트에서 파블로 네루다에 대해 얘기한 적 있다. 국내외 문인들이 모인 자리에서 누군가가 네루다의 시를 스페인어로 읊었는데 지나가던 남미 문인이(칠레 사람인지는 모르지만) 자연스럽게 따라 외우더란다. 우리가 김소월의「진달래꽃」'나 보기가 역겨워 가실 때에는 말없이 고이 보내드리우리다'를 자동 반사하듯이 (그 남미 문인이 네루다를 좋아하는지는 모른다고 했다. 걸음을 멈추지 않고 읊으며 떠났다고). 안토니오 스카르메타의 소설『네루다의 우편배달부』에는 이런 대목이 있다. 노벨상 수상 소식을 기다리는 네루다에게 우편배달부가 "틀림없이 당선되실 거예요. 선생님을 모르는 사람이 없잖아요. 저희 아버지한테는 책이라곤 딱 한 권뿐인데 바로 그게 선생님 거예요"라고 말한다. 이 소설은 영화〈일 포스티노〉의 원작이기도 하다. 후에 이슬라네그라가 그리워 영화를 찾아봤지만 촬영지는 이탈리아였다.

파블로 네루다는 칠레에 세 채의 집이 있었다. 수도인 산티아고에, 산티아고에서 버스로 두 시간 걸리는 항구도시 발파라이소에, 발파라이소에서 한 시간 걸리는 이슬라네그라에. 그중에서 이슬라네그라에 있는 집이 가장 좋았다. 이슬라네그라의 뜻은 '검은 섬'이다. 실제 섬은 아니고, 바다에 검은 바위들이 섬처럼 놓여 있어서다. 본래 집이 두 채인 조용한 마을인데(정말?) 그 한 채를 네루다가 증축해 살았다고 한다. 네루다의 집이 있는 관광지임에도 관광 상품이나 음식을 파는 노점 하나 없이 무척 조용하다. 버스터미널에서 내려(벤치 두 개가 있는 간이정류장이다) 한참 걷다 길을 잃은 건 아닐까 두려웠다. 지나가는 할머니에게 "여기 파블로 네루다의 집이 있나요?(이렇게 조용한데 말이죠)"라고 묻자, 100번은 들어봤다는 표정으로, 하지만 푸근한 미소와 함께 손가

락으로 가리켰다. 바다 앞에 집이 있었다. 발파라이소에 있는 네루다의 집도 바다를 전망으로 지어졌지만 이슬라네그라의 집은 바다를 10미터 앞에 두고 주변에 인가도 드물어 더 멋졌다. 이슬라네그라의 파도는 무척 셌다. 절기와 상관없이 힘 있게 나댈 것 같은 파도였다. 방문객은 해변가를 걷고, 마당에는 여섯 개의 종이 달린 별 모양의 구조물이 있었다. 소설『네루다의 우편배달부』에는 파리로 간 네루다가 이슬라네그라를 그리워하며 우편배달부에게 그곳의 소리를 녹음해 달라고 부탁한다. 이 종소리도 포함되었다. 찾아간 날엔 종소리를 들을 수 없었고, 누구도 감히 울릴 생각을 못하였다.

네루다는 바다를 무척이나 사랑했다. 집의 위치뿐 아니라 항구 박물관 같은 실내를 봐도 그렇다. 선수상이 여기저기 천장에 매달려 있고, 돛단배를 넣은 유리병, 소라, 조개 등등 육지로 가져올 수 있는 바다는 다 가져온 듯싶다. '와, 갖고 싶은 것을 잔뜩 들여놓고 살다니 정말 행복했겠다, 성공했다, 부럽다'란 생각이 들었다.

집 옆에는 레스토랑이 있다. 바다 전망의 테라스는 만석으로 삼삼오오 모여 와인을 즐기고 있었다. 혼자 온 나는 출입구 옆 테

이블에 앉았다. 네루다가 즐겨 먹은 붕장어수프를 주문했다. 붕장어가 뭔지 알았다면 먹지 못했을 거다. 선입견 없이 먹은 붕장어수프는 꽤 훌륭해서, 이후 이슬라네그라에 간다면 네루다의 집 옆 레스토랑에서 이 수프와 맥주를 시키라고 조언하고 싶었다. 붕장어수프를 먹으러 그곳까지 갈 사람은 거의 없겠지만. 어쨌든 무언가를 찾아 떠났는데, 기대에 없던 무언가를 덤으로 받으면 무척 즐겁다. 행운이다.

산티아고에 숙박을 예약하고 짐도 놓고 온 터라 막차를 타러 정류장에 왔다. 버스에서 눈을 감고 뜨니 산티아고의 복잡한 버스터미널에 와 있었다. 산티아고에 있는 네루다의 집도 갔지만, "산티아고의 집에는 바다가 없지 않나"라는 『네루다의 우편배달부』 속 네루다의 말처럼 그가 확실히 이슬라네그라를 더 좋아했지 싶다. 알아보니 그는 이슬라네그라에 묻히길 원했다. 정권에 의해 다른 곳으로 이장됐지만 결국 이슬라네그라에 잠들었다고 한다.

여행 후에 그의 시집들을 읽기 시작했다. 쿠바에서 헤밍웨이의 『노인과 바다』를 들고 다니던 여행자가 생각난다. 결국 그 친구는 『노인과 바다』를 다 읽지 못하고 귀국했다. 여행의 스케줄과

피로가 없어진 후에야 다시 『노인과 바다』를 펴고 새삼 쿠바를 사무치게 그리워하지 않았을까. 여행이란 이런 것일지도. 확실히 이슬라네그라에 다녀와서 읽는 『네루다의 우편배달부』는 무척 재밌었다.

모아이와 함께한
일주일

이스터섬

칠레

모아이와 함께한
일주일

○

이스터섬은 칠레에서 3,700킬로미터 떨어진 섬이다. 산티아고에서 비행기로 다섯 시간 걸리고, 시차도 두 시간이니 다른 나라라 해도 될 지경이다. 항공편도 란항공(LAN) 독점이라 60~100만 원을 호가한다. 마지막까지 굳이 여기를 가야 할지 고민했는데, 서태지의 '모아이' 뮤직비디오를 보면서 마음을 굳혔다. 2008년에 나온 '모아이'는 이스터섬의 모아이를 배경으로 한 곡으로, 그곳에서 뮤직비디오도 촬영했다. 누군가 "제주도 같다"라는 허망함을 전해왔지만(나는 제주도가 정말 좋다. 하지만 이 돈과 시간을 들여 태평양 제주도를 갈 필요는 없지 않은가), 바람이 세고 현무암이 많고 모아이가 돌하르방을 조금 닮았다는 것 말고는 완전히 달랐다.

옛 원주민들이 이곳을 '세상의 배꼽'이라 생각했을 정도로 어디를 둘러봐도 막막한 태평양, 누군가 용기를 내 항해를 떠났어도 끝없는 바다에 좌절했을 이 엄청난 '위치'가 마음에 들었다. 어릴 적, 지구본을 돌려서 가고 싶은 나라를 손가락으로 찍으면 열에 하나는 나왔던 태평양, 그곳의 작은 섬에 와 있다는 기묘함 말이다.

이곳에선 당연히 섬 여기저기 산재한 모아이를 보는 것이 여행

스케줄의 최우선이다. 모아이 채석장이 있는 라노 라라쿠, 열다섯 개의 거대한 모아이를 볼 수 있는 아우 통가리키 등 모아이가 어떤 형태로 몇 개가 있는지 표시된 '모아이 지도'를 들고 찾아다닌다. 숙소와 상점들이 모인, 섬의 유일한 마을인 앙가 로아에서 먼 곳이라면 차를, 가까운 곳이라면 걷거나 자전거를 대여한다. 시내라고 해봤자 차 경적 한번 울릴 일 없이 한적하여 자전거나 바이크를 타도 위험하지 않다. 방목하는 말과 소가 도로를 점령하곤 하는데, 양보하면 된다. 가만히 있으면 말들이 만져 달라고 다가오는데, 그만큼 여기에선 서로 해를 입히거나 끼치지 않음을 알고 있다. 편안하다.

이곳에서 사람들과 자주 나눈 대화는 모아이에 얽힌 미스터리다. 5미터나 되는 모아이에 모자는 어떻게 올렸는지(굳이 왜 모자를 씌웠는지), 21미터나 되는 모아이는 대체 어디서 그리 큰 돌을 구했는지 등. 솔직히 좀 불편했다. 굳이 왜 이런 일을 벌여 수많은 사람들을 죽였는지, 누구는 시키고 누구는 따를 수밖에 없었던 계급 간 불평등이 떠오르며, 코가 크고 턱이 긴 이 못난 돌에 정이 가지 않았다. 한 여행자는 "아무도 정확한 사실은 모르잖아. 그때 어떤 일이 벌어졌는지, 왜 섬에 이렇게 많은 모아이들이 있는지 상상하는 것만으로도 재밌는 걸"이라고 했다. 그게 많은 사람들이 이 못난 얼굴을 계속 보는 이유일 거다. 특히 모아이 너머로 지는 노을은 어디에도 없는 풍경이라 저녁이면 많은 사람들이 해변가의 모아이로 몰려든다.

숙소는 5일간 텐트였다. 이스터섬은 고립된 섬인 데다 관광지라 물가가 비싸다. 캠핑 미히노아란 숙소 앞 잔디에 텐트를 치는 것이 가장 저렴했다. 부킹닷컴에서 미리 예약한 가격은 5일에 약 8만 원. 침낭에서 자면 그리 춥지 않고, 햇빛이 강한 낮에는 밖에서 활동하니 텐트에서 지내도 크게 불편하지 않았다. 오히려 텐트에서 먹고 자본 적이 없어 설레었다. 남미여행자 단톡방에서 만난 3인이 함께 다녔다. 우리의 일정은 본능에 가까웠다. 모아

이를 둘러보고, 점심이 되면 점심을 먹고, 저녁이 되면 저녁을 먹고 해가 지면 술을 마셨다. 말했다시피 물가가 비싸 산티아고에서 식재료를 바리바리 싸들고 갔다. 산티아고 민박 주인이 "피난 가냐"라고 했다. 한인마트에서 유통기한이 지나 싸게 파는 컵라면을 쓸고, 럼과 와인을 양껏 사고, 내가 우겨 멜론까지 챙겼다. 정말 한국에서보다 잘해 먹었다. 공용주방에서 빵 몇 조각으로 식사하는 외국인들과 달리, 우린 밥을 안치고 찌개, 떡볶이, 비빔국수까지 했다. 한 동행은 '우리 엄마 연근조림' 캔을 꺼냈는데, 한국에서도 먹지 않는 연근 반찬에 한참 웃었다. 해가 지면 텐트 앞의 바닷가 절벽에 아슬아슬하게 자리를 펴고 술을 꺼냈다. 파도 소리는 무척 컸다. 철썩 처얼썩. 별이 떴는지는 잘 기억이 나지 않지만, 무척 많이 떴을 테고, 우리는 어떠한 얘기를 한창 나누었지만 기억나지 않는다. "너무 좋다"란 감탄이었을 거다.

하루는 동행이 취해서 동네 개를 끌어모았다. 이스터섬에는 목줄 없이 다니는 개들이 많다. 다들 덩치가 제법 컸는데, 굶주림 때문인지 사람에게 스스럼없어서인지 조금만 잘해 줘도 몰려들었다. "야, 얘들이 먹을 거 좀 주는데?" 하는 느낌. 어느 날은 술자리를 가질 수 없을 정도로 몰렸다. 다들 취했겠다 우리는 자리를 파하고 각자의 텐트에 들어가기로 했다. 그런데 이게 웬일, 내 텐트에서 두 마리의 대형견이 사랑을 나누고 있는 게 아닌가. "오 마이 갓!" 소리를 질렀지만 그들의 사랑은 방해받지 않았다. 특전사 출신인 동행 하나가 텐트로 들어가 개들을 쫓아냈지만 도저히 사랑의 장소로 다시 들어갈 수 없었다. 여기저기 사랑의 흔적들, 강아지 털이 무수히 떨어져 있었다. 울먹이는 나를 위해 특전사가 자신의 텐트와 바꿔 주었다. 미안하지만 그때는 뻔뻔해질 수밖에. 그는 대수롭지 않다는 듯 자다가 새벽에 오토바이를 타고 일출을 보러 떠났다. 어느 날은 그의 오토바이 뒷자리에 앉아 섬 여기저기를 다녔다. 그러다가 땅 속 구덩이에서 나오는 관광객을 봤다. 뭔가 싶어 구덩이를 따라 내려갔는데 지하 오솔길의 끝에 갑자기 커다랗게 뚫린 구멍이 나타났다. 바다가 보였다. 그 아래는 절벽이었다. 이스터섬을 소재로 한 영화 〈라파 누이〉에서 여주인공이 갇혔던 감옥 같았다. 그녀는 금기된 사랑 때문에 동굴에 갇혔다. 그 동굴에 하염없이 앉아 있고 싶었지만 졸면… 절벽 어딘가로… 섬뜩해져 금방 나왔다.

낮엔 주로 해수욕을 즐겼다(흠, 모아이도 틈틈이 봤다). 거북이가 놀러 오고 현지인들이 우쿨렐레 비슷한 악기를 연주했다. 띵까띵까. 이곳이 천국이로세. 시크릿 비치도 찾아 나섰다. 도로에 인접한 해변이 아닌, 현무암의 바위를 넘고 넘어 걸어가면 숨겨진 장소가 나온다. 우리 빼곤 사람이 거의 없었는데, 하루는 중년의 여성과 젊은 남성이 우리를 무시한 채 밀회를 즐겼다. 우리는 주먹밥과 맥주, 와인을 잔뜩 이고 지고 와서 한낮을 보내곤 했다. 태평양의 파도는 너무나 세서 귀싸대기를 맞는 기분이다. 기분 좋은 귀싸대기! 파도에 넘어지면서 수영복이 벗겨지기 일쑤였는데 올리면 그만이다. 지치면 해변가로 와 주먹밥을 먹고 와인을 마셨다. 음악을 틀고 춤도 추었다. 발라드를 사랑하는 동행의 아이팟에 댄스곡은 씨스타의 'Touch My Body'와 저스틴 팀버레이크의 'SexyBack' 뿐이었지만 어떠랴. 비키니가 민망해서 살짝 흔드는 정도였는데, 더 격렬하게 출 걸 후회된다. 세상엔 안 해서 후회되는 게 더 많다.

살아있는 화산과
사랑의 밤

푸콘

칠레

○

푸콘에서 생명의 은인을 만났다. 그를 좋아했다.

칠레에는 2,600여 개의 화산이 있다. 그중 푸콘은 현역으로 활동 중인 비야리카 화산이 있다. 20세기에만 세 번 폭발했다. 언제 터질지 모르는 화산을 앞에 두고 정갈하고 작은 마을이 자리한다. 호스텔과 여행사, 트레킹 용품을 파는 가게 등 여행자를 위한 공간이 많다. 푸콘은 화산이 터지면서 흘러나온 용암이 만든 온천이 있고, 비야리카 호수에서 레저를 즐길 수 있는 휴양지이기 때문이다. 이들은 거들 뿐, 많은 여행자가 비야리카 화산을 등반하려고 푸콘을 찾는다. 정확히 말하면 정상에서 용트림하는 불꽃을 보기 위해서다. 가이드는 컨디션 조절을 당부했고, 등산 전날 밤에는 보디슈트 형태의 등산복과 등산화를 미리 입혀 치수를 체크했다. 나눠 준 배낭에는 아이젠과 피켈, 스틱, 분화구에서 나오는 독가스를 막는 방독면, 눈으로 덮인 구간에서 겹쳐입을 바지 등이 들어 있었다. 그것만으로도 배낭이 꽉 차 준비해 간 음식은 몇 개 빼야 했다. 사전 준비가 철저할수록 슬슬 불안해졌다. 그냥 등반이 아닌가 본데?

비야리카 화산은 풍경이랄 것이 없었다. 활화산인지라 하단은 돌과 화산재로, 상단은 눈과 얼음으로 덮여 있다. 오로지 분화구를 위한 행보다. 왕복 일곱 시간 정도 소요되며, 날씨가 좋지 않거나 폭발 낌새가 있으면 당연히 등반이 취소된다. 가이드 없이도 등반할 수 없다. 보통 10여 명이 가이드 두세 명과 짝을 지어 오른다. 이곳의 가이드는 "세계 최고의 산악인"이라고 우리 가이드가 말했다. 그는 이 일로 돈을 벌어 한국에도 가 봤다고 했다. 대화는 이내 끊겼고 하산할 때는 호통이 오갔다. 그만큼 내가 산을 타지 못했기 때문이다.

초입은 리프트를 타고 올라갈 수 있다. 걸으면 두 시간 정도 되는 거리다. 산은 오를수록 바람이 거세져 몸이 날아갈 지경이었다. 암석지대라 넘어지면 머리가 깨질 것 같았다. 눈물 콧물 화산재로 얼굴은 흙빛이었다. 가이드 없이 혼자 하산할 수도 없었다. 진짜 무서워졌다. 세 시간쯤 올라가니 눈으로 덮인 구간이 나왔다. 아이젠을 끼우고 바지를 겹쳐 입었다. 눈사람처럼 부푼 몸은 움직임이 둔해졌다. 가이드가 소리쳤다. "내가 외칠 때마다 피켈 잡는 손을 바꾸란 말이야!" 영어에 존댓말 반말이 있다면 그건 분명 화난 반말이었다. 피켈을 산에 찍어야만 몸이 고정될 만큼 바람은 더 세졌다. 몰래 울었다. 정상에 오르자 나는 내가 아니었다. 자연에게 한껏 구겨진 가여운 인간. 정상에서 다들 분화구를 보기 위해 몰렸다. 이걸 보려고 산을 오른 거다. 분화

구라는 커다란 구멍에서 연기(독가스)가 펑펑 피어올랐다. 거센 바람이 나를 구덩이 속으로 밀어버릴 것 같았다. 기어서 분화구 근처로 갔다. 깊은 어딘가에서 불꽃이 튀었다. 한 걸음만 더 기어도, 고개를 구덩이로 조금만 더 숙여도 불꽃의 입구가 보일 것 같았다. 등반할 때 나를 도와준 동행은 안타깝다는 듯이 말했다. "조금만 더, 조금만 더."

'인생이란 이런 걸까'라는 같잖은 생각이 들었다. 분화구를 위해 죽을힘으로 올라왔는데, 한 걸음 내디딜 용기가 없어서 목표를 이루지 못하는 것. 이 등반은 실패일까, 시간 낭비일까. 하산하면서 그렇지 않다고 자위했다. 공포에 질렸지만 포기하지 않았다.

한 걸음 오를 때마다 전과 다른 내가 되었다. 물론 다시는 사전 조사 없이 함부로 등반하지 않겠지만.

하산 초반에는 눈썰매를 탄다. 그마저 몸이 팅겨 암석에 머리가 깨질까 봐 즐기지 못했다. 하단의 화산재 구간은 너무 미끄러워 발목이 나갈 것 같았다. 가이드는 근육에 통증이 있을 테니 근처의 온천에 가라고 했다. 하지만 어디도 가고 싶지 않았다.

숙소로 돌아와서 씻어도 씻기지 않는 화산재를 씻어냈다. 몇 개월이 지나도 몸 어딘가에서 화산재가 나올 것처럼 곱고 가늘고 거센 가루였다. 샤워 후엔 발코니에서 술을 잔뜩 마셨다. 등반을 도와준 동행과 함께 위스키와 맥주를 풀며 앞으로의 인생을 이야기했다. 비가 세차게 내렸고, 푸콘의 몇 개 없는 가로등이 희미하게 빛났다. 동행은 나중에 직접 집을 지어 어머니와 살고 싶어 했다. 돈을 모아 여행을 가고, 돌아와 또 돈을 모아 여행을 가고, 나중엔 나무 집을 짓겠다고. 나는 그를 좋아하고 있었다. 가이드가 화를 참지 못하고 소리 지를 때, 끝까지 뒤에서 잡아준 사람, 울 때 괜찮다고 말해준 사람. 그날 밤, 호감 있는 사람과의 선의 있는 대화(꿈, 좋아하는 것, 가이드 험담)로 행복했다. 기분을 이기지 못하고 내리는 비 사이로 말하였다. "너무 행복하다. 어쩌지, 너무 행복해." 동행도 그렇다고 하였다. 낮의 등반 덕분인지 밤의 발코니는 선명하게 행복했다.

다음 날 그와 함께 노천온천에 갔다. 푸콘에는 화산이 만들어 낸 많은 온천들이 있다. 말 그대로 노천이라 바닥은 흙길이며 자연스럽게 만들어진 웅덩이가 탕이 됐다. 옆에 차가운 계곡물이 세차게 흘렀다. 계곡물의 간섭 정도에 따라 웅덩이는 온탕, 냉탕, 열탕으로 나뉘었다. 온탕에선 누가 더 오래 잠수하나 내기했고, 열탕에선 스르르 밀려오는 잠을 쫓았다. 온천을 끝내고 산책을 하면서 넌지시 그를 바라보았다. 그는 흐르는 계곡을 보고 있었다. 온 자연이 그를 좋아하게 만들었다.

인연은 오래가지 않았다. 하지만 비 오는 밤, 테라스에서 "행복하다"를 연발하던 나와 그는 우주에서 가장 완벽한 커플 중 하나였다.

연어를 쥐도
못 먹는 여행자

발디비아

칠레

　　　○

　　‘이왕이면’이란 말이 있다. ‘어차피 그렇게 할 바에는’이란 뜻의 부사다. 발디비아가 그랬다. “이왕이면 들르는 게 좋지 않아?” 칠레의 푸콘에서 아르헨티나의 바릴로체까지 버스로 일곱 시간이 걸리는데, 중간에 위치한 발디비아에 살짝 들르기로 했다. 조용하고 깨끗해 쉴 만한 지역이라 했고, 값싼 해산물로 배를 채울 수 있다고도 했다. 세계에서 가장 긴 영토가 바다에 인접해 있는 칠레까지 와서 제대로 된 해산물을 먹지 못한 터라, 설레었다. 블로그를 찾아보니 냄비에 가득 담긴 홍합이 1천 원, 내 사랑 연어는 1킬로그램에 4~5천 원이었다. 게다가 얼마나 싱싱할소냐. 발디비아는 카예카예강과 크루세스강이 합류하여 발디비아강을 이루는 지점에 위치하고, 태평양이 18킬로미터밖에 떨어져 있지 않다.

푸콘에서 버스를 타고 세 시간 만에 발디비아에 도착했다.『론리 플래닛』에서 추천한 숙소를 잡고, 다음 날 시장이 열리길 기다렸다. 밥보다 연어를 더 많이 얹어서 연어덮밥을 먹을 거야, 이런 생각을 하면서 말이다. 강 인근의 수산물시장은 생각보다 작아서 놀랐다. 직진의 시장을 왕복하는 데 5분 정도. 중간에 연어에 한눈팔면 10분 정도 걸렸다. 혹시 이런 시장이 여러 개 산재하나 했는데, 그곳이 가장 크고 거의 유일한 수산물시장이라고 했다. 대형마트는 몇 군데 있었다. 하긴 크기가 무슨 상관인가, 싸고 싱싱하면 됐지! 우선 홍합을 한 바가지 샀고, 포차 조개탕을 만들 조개도 샀다. 연어는 부위별로 생김새가 달라서 좀 당황했다. 가장 무난해 보이는 부위를 골랐다. 이것이 '인생 연어'가 될 줄이야. 너무 비려서! 처음엔 기름을 살짝 두르고 구웠는데, 마치 내가 얼마나 비린 생선인지 보여 주겠다는 맛이었다. 레몬을 들이붓다시피 짜고, 기름에 튀기다시피 구웠지만, 비린내가 조금 잠들 뿐 여전히 역했다. "한동안은 연어를 먹지 못할 것만 같아"라며 연어를 냉동고에 기부했다. 연어 입장에선 요리도 못하는 내가 망쳐 놓고 비리네 마네, 억울하겠지만… 연어만 실패했지 홍합파스타와 모시조개탕은 훌륭하여 마트에서 산 와인과 양껏 먹었다. 게스트하우스는 정원에서 고양이와 거위를 키웠는데(식용이 아니라 애완 거위다), 만취해서 데리고 놀다 손을 할퀴고 물렸다.

발디비아에서는 해산물 요리 말고는 딱히 할 것이 없어 강가를 따라 산책하거나, 신사동의 가로수길 같은 카페 거리를 걷는 것이 다였다. 배낭여행자에게 세련된 카페는 좀 어색해서, 이내 발디비아에 흥미를 잃어갔다. 하루는 맥주 브랜드 쿤스트만이 직영하는 맥주 공장을 방문했다. 공장이기보단 교외에 위치한 패

밀리레스토랑 같은 곳이다. 약 1만 원을 내고 맥주가 만들어지는 공정을 구경했다. 쿤스트만이란 이름 때문에 독일 맥주 같지만 독일 이민자 후손이 만든 칠레 맥주로, 이 지역에서 꽤 유명했다. 맛은 역시나 훌륭했지만 전날 과음을 한지라 투어비에 포함된 갓 내려 주는 500cc도 비우지 못했다. 세상에서 제일 맛있는 맥주는 공장에서 갓 내린 거라지만, 숙취에는 장사 없다. 레스토랑은 주말을 맞아 나들이 온 가족들로 붐볐다. 사람 사는 건 다 비슷하네 싶었다. 평일에는 출근하고, 주말엔 이런 데 나와서 맥주 한 잔과 기분 전환을 하고 말이다. 여행은 분명 매력적이지만, 주말에 낮잠을 포기하고 사랑하는 이들과 나들이를 가는 일상도 멋지다. 안주를 서너 접시 비울 만큼 이야기가 끊이지 않는다면 더욱.

항구 마을
유랑기

○

　　발파라이소가 젊음과 예술에 대한 욕망을 깨우는 곳이라면, 앙쿠드는 옛 기억을 깨우는 조용한 항구도시다. 앙쿠드는 아메리카 대륙에서 두 번째로 큰 섬인 칠로에에 있다. 칠로에는 산티아고에서 버스로 열네 시간 정도 걸리며, 버스가 배에 실려 섬으로 들어간다. 앙쿠드 버스터미널에 내려선 조금 당황했다. 관광지가 아닌 작은 마을이라 게스트하우스가 보이지 않았기 때문이다. 23킬로그램의 배낭에 어깨가 주저앉을 즈음 어느 할아버지를 만났다. 스페인어로 자꾸 말을 거셨는데, 알고 보니 방을 찾느냐는 거였다. 앙쿠드에는 게스트하우스도 있지만 많은 가정집에서 여행자에게 방을 대여한다. 할아버지를 따라간 2층의 목조주택은 물고기 집 같았다. 물고기 비늘 같은 나뭇조각으로 이뤄져 있었다. 칠로에 특유의 건축 양식인 테후엘라다. 마을을 돌아보니 대부분 테후엘라로 지은 목조건물이다. 칠로에는 나무가 풍부해서 150개의 목조 교회로도 유명하다. 유네스코에서 열네 개의 교회를 세계유산으로 지정해, 여행자는 이를 따라 여행 루트를 정하기도 한다. 나도 앙쿠드에 이어 칠로에 남쪽의 카스트로, 달카우에, 아차오 등의 교회를 보러 다녔다.

할아버지의 집은 인테리어 잡지를 구독하는 할머니의 센스가 묻어났다. 누가 이 집안의 왕인지 보여 주는 할머니 위주의 사진들, 정교한 꽃무늬의 티폿 세트, 하얀색 레이스 커튼이 아름다웠다. 게스트하우스에선 느낄 수 없는 가정집 특유의 달콤한 부엌 냄새가 돌았다. 짐을 풀고 할아버지의 단골집인 해산물 식당에 갔다. 식당에선 다들 1인 1쿠란토를 하고 있었다. 칠로에에선 쿠란토를 먹어 봐야 한다. 돌을 뜨겁게 데워 그 위에 닭, 소시지, 물고기, 조개 등을 익힌, '육해공' 찜이다. 솔직히 연속으로 먹으니 비릿한 감이 있긴 했다. 그렇게 매일 앙쿠드의 항구를 하릴없이 산책하고, 저녁이면 낡은 식당에 들어가 쿠란토를 안주 삼아 맥주를 마셨다. 밤이 깊어 집으로 돌아가는 길엔, 어부들의 피곤을 달래줄 '섹시 바'의 간판에 불을 켜졌다. 간판 속 벗은 여자는 야하지 않고 정겨웠다. 중앙광장에선 조용한 마을이 지루한 10대

들이 노래를 틀고 비보잉을 했다. 남미여행자들의 단톡방에 들어가니 누군가 이런 글을 올렸다. "앙쿠드를 떠나려야 떠날 수가 없네요."

앙쿠드에서 남쪽으로 내려가면 칠로에의 중심도시 카스트로가 있다. 터미널에 내려 배낭을 메고 여기저기 게스트하우스를 찾으러 다녔다. 비가 내려 으스스 춥고 입은 옷이 무거울 만큼 습기가 꽉 차 있었다. 바다 앞이지만 바다는 보이지 않는 묘한 위치의 허름한 게스트하우스는 다른 곳보다 5천 원 쌌다. 내가 묵은 3층은 날림으로 증축한 것 같았다. 이불 역시 습기로 꾹 내려앉아 있었다. 1층은 주인 가족이 살았다. 귀여운 남자아이 둘과 삼촌, 이모, 고모부 등이 모여 사는 대가족인 듯했다. 게스트하우스의 부엌은 주인네 부엌이기도 해서 밥해 먹을 때마다 눈치가 좀 보였다. 한식을 하려면 냄비 두 개는 기본으로 올라가고 (쌀 하나 찌개 하나) 매운 냄새가 났기 때문이다. 새하얀 천이 깔린 거실 식탁에 붉은 찌개를 올리기도 부담스러웠다. 그곳엔 난로가 있어 3층 '날림방'에서 내려와 추위를 녹이곤 했다. 계속 비가 와 장을 볼 때만 동네를 돌았다. 수산시장에는 각종 야채와 과일, 수산물을 팔았다. 의아하게 수산시장이 유명하다는 발디비아에도 항구도시인 카스트로에도 수산물의 종류가 다양하지 않았다. 조개와 홍합, 물고기 몇 종이 다였다. 혹시 칠레는 수산물을 수입하지 않기에 제철 수산물만 있는 걸까. 야채는 시장보다 마트가 훨씬 신선했다. 시장에서 어느 할머니에게 야채를 샀는데 요리할 때 껍질을 까 보니 절반이 상해 있었다. 그래도 잘한 일이다.

하루는 칠로에 국립공원에 다녀왔다. 카스트로에서 버스로 약한 시간 걸린다. 제주도 곶자왈과 비슷하다지만 역시나 다르다. 곶자왈은 울창한 나무가 하늘 지붕을 덮은 큰방 같았는데, 여긴 녹음이 퍼진 바다 같았다. 걷는 내내 좋았다. 걸으며 생각난 것들을 잊지 않기 위해 입으로 되뇌었다. 거센 바람에 흔들리는 숲의 소리는 파도와 비슷했다. 파도가 바다의 아름다움, 비밀, 무서움, 기묘함, 이야기를 해변으로 밀어내듯이 숲도 그랬다. 숲에서 뿜어져 나오는 차갑고 무거운 공기, 묵직한 울림, 깊이 들어갈수록 비밀이 쏟아질 듯한 설렘과 한편의 두려움까지, 숲과 바다는 닮았다. 칠로에 국립공원에서 나와 식당에 들러 카수엘라를 시켰다. 감자탕 맛이 나는 수프로 칠로에의 대표 음식이다. 관광지 앞 식당은 역시나 별 맛이 없었다. 여전히 비가 내렸다. 함께 온 일행과 싸웠다. 공용자금인데 내가 9천 원짜리 카수엘라를 시켰기 때문이다. 나는 여행에 왔으면 그곳의 대표 음식을 먹어 봐야 한다고 생각했고, 일행은 이기적이라 생각했다. 모두 맞는 말이었다. 하지만 섭섭해서 울고 말았다. 우리는 비에 젖은 채로 버스에 올라타 아무 말도 하지 않았다.

카스트로에서 버스를 타고 한 시간을 달려 달카우에에 갔다. 이곳 역시 작은 항구 마을이다. 도착 첫날 내내 비가 왔다. 날씨 탓인지 여기도 춥고 우울했다. 첫날에는 비를 맞고 슈퍼에 가서 소시지를 샀다. 저녁 시간이어서인지 많은 이들이 줄을 서서 빵을 사고 있었다. 버석한 빵에 식욕이 일지 않았지만 빵을 사는 이들의 풍경은 따뜻했다.

달카우에에서 다시 배를 타고 버스를 타고 아차오에 당일치기로 다녀왔다. 칠로에에서 가장 오래된 교회인 산타 마리아를 보기 위해서, 누군가는 산책하기 좋다고 해서 갔다. 계속되는 흐린 날씨와 차가운 바람 때문에 그리 산뜻한 산책은 아니었다. 산타 마리아 교회는 아름다웠다. 개보수를 했겠지만 오래된 비늘 벽면 하나하나가 깨끗하게 정돈되어 있어 놀랐다. 이렇게 부슬비가 자주 내릴 것 같은 항구 마을에서 말이다. 달카우에로 돌아와 마지막으로 동네를 한 바퀴 돌았다. 항구는 역시 아름다웠다. 홍합은 상인이 나오지 않아 결국 사지 못했지만 숙소에서 홍합 대

신 난로에 소시지를 구워서 맥주와 잔뜩 먹었다. 칠로에 어딜 가나 추웠지만 아궁이와 난로를 합친 듯한 이곳 특유의 난방시설 때문에 견딜 만했다. 추운 공기 안의 난로는 어디보다 따뜻하다. 나는 불을 피우지 못해 난방은 일행의 몫이었다. 그가 있어 다행이었다. 칠로에 국립공원에서 싸운 친구다.

휴양지에서 만난
엄마

푸에르토바라스

칠레

○

　　여행 중 만난 칠레 커플이 자국에서 꼭 가 볼 곳으로 푸에르토바라스를 꼽았다. 나의 『론리 플래닛』 지도를 펼치더니 "이 호수를, 저 호수를 가 봐야 해"라며 연신 가리켰다. 한국 신문에서 "주한 칠레 대사는 푸에르토바라스 근처의 프루티야르로 자주 놀러 간다"라는 기사도 본 적 있다. 그만큼 깨끗하고 아름다운 지역인가, 하는 마음으로 가게 되었다. 게르가 아닌 아파트에 사는 몽골인은 떠오르지 않듯이, 할리우드 영화의 동양인은 무쌍꺼풀이듯이, 내가 남미와 칠레에 기대한 바가 있다(선입견에 가까운). 그래서 처음엔 푸에르토바라스에 실망했다. 그냥 잘 정비된 서울 근교의 호반도시 같았기 때문이다. 푸에르토바라스 이후에 고된 등산의 여정이 이어지니 이 기회에 쉬자며 나를 다독였다.

첫날은 칠레에서 두 번째로 큰 양키우에 호수를 따라 산책했다. 호수 너머에는 세 개의 화산이 겹쳐 있다. 몇 천 년 전의 폭발로 봉우리가 일그러진 푼티아구도 화산, 만년설 모자를 쓴 오소르노 화산, 아직까지 연기를 내뿜는 칼부코 화산이다. 삼총사 중에 오소르노가 유독 선명하게 아름답다. 걷다 지쳐 백사장(호수가 너무 넓어서 백사장이라 해도 될 거 같다)에 누워 까무룩 잠이 들었다. 큰 개가 옆에서 쿵쿵거려 깼는데, 침을 너무 흘려서 감히 만지지 못

하였다. 큰 개는 멋쩍어하며(내가 느끼기엔 그랬다) 소년 무리로 갔
다. 소년들은 관심과 사랑을 원하는 개에게 돌을 던지며 자기들
끼리 즐거워하였다. 개는 그것이 관심인 줄 알고 열심히 돌을 찾
아다녔다. 그 모습이 서글펐다. 사랑을 원하는 이에게 농락보단
무관심이 낫지 않을까. 나나 소년들이나 똑같은 인간일까.

푸에르토바라스의 별명은 '장미의 도시'지만 당시는 남미의 가
을이었다. 패딩에 스카프를 걸쳤고 게스트하우스의 직원은 거실
에 난로를 피웠다. 따뜻한 거실에 앉아 고양이 목덜미를 조몰락
거릴 때는 푸에르토바라스에 계속 머물고 싶어졌다. 페루와 볼
리비아에서 내내 떨다가, 처음으로 난방이 훈훈한 숙소에 머물
렀기 때문일까. 조식도 토스트와 오트밀이 정갈하게 나왔다. 식
당에는 마마무의 뮤직비디오가 자주 나왔는데, 기내에서 성추행
당하는 장면에선 보는 이들이 깜짝 놀랐다. 떠나는 날까지 식당
에는 마마무의 뮤직비디오가 나왔다. 점심, 저녁은 비용을 아끼
기 위해 마트에서 스파게티 면과 소스 두 봉을 샀다. 매끼 스파
게티를 해 먹었지만 숙소가 훈훈하여 흡족한 식사였다(아, 난 정말
추위에 지쳤었나 보다). 둘째 날엔 호숫가의 관광안내소에 가서 지도
를 구했다. 독일식 주택과 교회 여덟 곳을 찾아가는 여정, 화산
등반 등이 주요 코스였다. 이곳은 독일인들이 이주한 곳이기에

독일식 목조건축물을 많이 볼 수 있다. 관광지도에 표시된 건물들은 아마도 긴 역사를 갖고 있으리라. 딱히 할 일도 없어 그들을 찾아다녔다. 어찌 됐든 시간을 입은 건물은 기본적으로 아름답기 마련이니까. 교회에도 갔다. 예배 중이라 결례가 될 것 같아 실내에 들어가진 않았다.

다음 날엔 푸에르토바라스에서 버스로 30분 걸리는 프루티야르를 가기로 했다. 숙소의 난로 앞에 앉아 고양이를 쓰다듬기가 좋았으나 여행을 왔으니 '하나라도 더'라는 마음을 뿌리치긴 쉽지 않았다. 정류장을 찾는데 호숫가를 달리는 마라톤 대회가 열리고 있었다. 끝 무렵인지 사람들이 결승점으로 속속 도착했다. 대

회 티셔츠는 야광 연두색이었고(마라톤 대회는 늘 야광인 것도 같고) 젊은이부터 노인까지 연배가 다양했다. 푸에르토바라스가 '무국적스러운' 지역이어서 그런지, 마라톤 대회를 보자 나의 일상이 그리워졌다. 한국에 두고 온 일상이 아니라, 앞으로 만들어갈 일상 말이다. 돌아가면 주말마다 남자 친구와 달리기 연습을 하고 함께 마라톤 대회에 출전하고 싶어졌다. 막상 돌아오니 둘 중 하나도 지키기 어려웠지만.

프루티야르는 앞서 말한 주한 칠레 대사가 추천한 곳으로, 푸에르토바라스보다 더 주말 휴양지 같은 곳이었다. 지나치게 예쁘고 아기자기한 카페들, 그림이 그려진 새집이나 액세서리를 파는 수공예점도 많았다. 이곳은 칠레에서 유명한 음악 페스티벌이 열리는 곳이라, 호숫가에는 커다란 공연장과 피아노 조형물이 있었다. 이런저런 가게 사이를 거닐다가 우연히 독일 이민자들의 초창기 생활을 보여 주는 박물관에 들어갔다. 뜻밖에 꽤 흥미로웠다. 그들이 살았던 집, 썼던 도구, 편지, 사진들을 전시했다. 옛날 흑백 사진은 그들의 일상을 상상하게 한다. 나무를 베는 남자 무리의 사진이 있었다. 황야에 건물을 세우는 정착 과정을 상징하는 사진이지만, 얼른 일을 마치고 집에 가 눕길 원하고, 어제 딸과 싸웠는데 '대체 걔는 누굴 닮아 그러는지'라고 생각하는 것처럼 보였다. 지금의 우리와 별반 다르지 않는 일상이 그려졌다. 그래서 흑백 사진을 보고 있으면 슬프다. 그 시간은 소멸된 지 오래고, 박물관에 걸려 독일 이민자의 정착기로만 설명되기 때문이다.

부지에는 당시의 집을 재현해 몇 채 지어 놓았다. 하얀 침대보의 아기 침대, 창문을 향해 놓인 욕조, 삐걱거리는 계단이 있었다. 전반적으로 소박했다. 2층 구석의 LP 플레이어가 사치품으로 느껴질 정도였다. 비록 원주민의 터를 빼앗았지만 그들 나름의 사정이 있을 테고(그래도 된다는 건 절대 아니지만), 초기에 이들이 얼마나 힘들게 정착했을지는 분명하다. 그 와중에도 음악을 들으며 삶의 한 부분을 충만하게 하고자 했다. 나는 황야에 집을 짓거나, 가업을 일궈낼 필요도 없으니 음악을 즐기며 충만케 살 수 있는데 왜 그리 빡빡하고 조금은 불행하게 스스로를 내몰았나 싶었다.

벽에는 자수 작품도 하나 걸려 있었다. 그걸 보니 어린 시절, 방에 걸려 있던 액자가 떠올랐다. 파란색 바탕에 배가 떠 있고, 달도 떠 있는 자수였다. 엄마가 만든 그 자수는 어릴 적부터 늘 같은 자리에 걸려 있는 '일상'이었다. 이사를 몇 번 하고 시간이 흘

러 자수는 사라졌다. 엄마가 수집한 우표나 미니어처들도 자연스럽게 버려졌다. 엄마는 늘 뭔가를 만들었다. 철사에 스타킹을 끼워 꽃을 만들고, 종이죽으로 화병에 포도넝쿨 장식을 덧붙였다. 엄마의 양품점에 이를 배우러 오는 손님도 있었다. 엄마의 취미는 어딘가로 사라졌다. 그날 엄마에게서 "사진을 보니 건강해 보인다"란 문자를 받아서인지, 자수가 잠든 기억을 끄집어내서인지 박물관에서 울컥했다. 한 정신과 의사가 쓴 여행기에는 이런 말이 있다. "여행을 하다 보면 생각도 못한 어릴 적 기억이나 아픔을 마주하게 된다." 엄마가 취미를 찾으면 좋겠다. 엄마의 선택이기에 강요하고 싶진 않지만.

숲의 관리인을
꿈꾸며

○

국립공원인 토레스 델 파이네를 일주하고 싶었다. 책과 동명의 영화 〈와일드〉의 여주인공처럼 발톱이 빠질 만큼 걷고 자연에 홀로 남겨지고 싶었다. 국립공원을 'W' 모양으로 3박 4일간 일주하는 'W트레킹'을 하려 했다. 때는 4월. 남미여행자의 단톡방에는 "텐트에서 자면 얼어 죽나요?"가 올라왔다. 그만큼 추웠다. 결국 차를 렌트하고, 토레스 델 파이네에서 가장 유명한 삼봉(세 개의 봉우리가 있다) 일대는 걸어서 등반하기로 하였다.

아르헨티나의 바릴로체에서 토레스 델 파이네로 가기 위해 여러 도시를 거쳐야 했다. 바릴로체에서 여섯 시간 버스를 타고 칠레의 푸에르토몬트로 온 뒤, 세 시간 비행기를 타고 푼타아레나스에 도착했다. 이곳에서 세 시간 버스를 타면 토레스 델 파이네로 통하는 마을, 푸에르토나탈레스가 나온다(이 비슷한 지명들은 아직도 헷갈린다).

푸에르토나탈레스에는 해가 진 뒤 도착했다. 비가 내렸다. 맞을 만한 비였고, 밤의 비는 약간의 흥분까지 줬다. 비수기라 숙소를 예약하지 않았기에 마을을 돌아다녔다. 호스텔은 만석이고, 비싼 호텔만 남아 있었다. 그러다 호스텔이라기엔 허전한 집을 찾았다. 본래 가정집인데 날림으로 방만 증축한 듯했다. 주인 내외가 토박이처럼 보여 이곳에 머물기로 했다. 주인은 영어를 전혀 하지 못해 2박3일이란 뜻을 전달하는 데 20분 정도 걸렸다. 방은 너무 추웠다. 이곳은 하루에 사계절이 있다는데, 압도적으로 겨울이 지배했다. 거실에만 난로가 있고, 방에는 이불 한 장만 있었다. 숙소는 춥고 밖은 더 추워 언제나 몸이 찌뿌둥했다. 추위에 긴장한 채로 잠드니 계속 컨디션이 좋지 않았다.

이곳 푸에르토나탈레스는 토레스 델 파이네 트레킹을 위한 준비 마을이라 해도 좋다. 곳곳의 장비 대여점에는 W트레킹을 위한 강의도 열렸다. 나와 동행은 우선 차를 렌트했다. 텐트, 침낭, 코펠 같은 장비를 빌리고 마트에서 3일 동안 먹을 식량을 준비했다. 얼어 죽을까 봐 큰맘 먹고 1만 원짜리 털이 복슬복슬한 양말을 샀다. 차에서 충전하면 따뜻하게 물이 데워지는 컵도 샀다. 작은 나이프를 사고, 배터리를 사고, 이것저것 샀다. 차가 있다고 산 물건이 대부분이어서 나중엔 모른 척 버리고 다녔다. 배낭에 매단 기능성 컵이 사라지면 "어? 그러네?" 하면서 은근히 기뻐했다. 어느 땐 수건도 버리고 싶을 만큼 배낭이 무거우니까.

토레스 델 파이네 국립공원에 들어선 첫날엔 라구나 아줄이라는 무료 캠핑장에 머물렀다. 부엌에서 요리할 수 있고, 원하면 뜨거운 샤워도 가능했다(너무 추워 옷을 벗어야 하는 샤워는 할 생각도 없었지만). 부엌에서 고기를 구웠으나 너무 질겨 슬쩍 냉장고에 넣었다. 누군가의 입맛엔 맞으리란 핑계로. 밤에는 국립공원을 지키는 관리인 세 명이 들어왔다. 숙직하는 젊은 남자 관리인이 여성 동료들을 초대한 듯 보였다. 나는 와인에 취해 가이드북 뒷면에 그림을 그리고 있었다. 관리인들은 그림을 보고 싶어 했다. 부끄러웠다. 그림이랄 게 없었기 때문이다. 막상 보여 주니 다들 '아… 그림이구나' 하는 표정으로 각자 할 일을 했다. 관리인 중 한 명은 나무 판에 그림을 그렸는데 솜씨가 훌륭했다. 난 누군가에게 내보일 만한 재주가 없다. 다이빙, 수영, 요가, 악기 중 하나라도 잘하면 좋을 텐데. 언젠가는 여행자들에게 내보일 만한 재주를 배워 여행을 떠나고 싶다. 그 계기로 쉽게 친해지고 또 다른 여행의 길이 열릴 테니까.

우리는 관리인들에게 맥주와 감자튀김을 나눠 주었다. 그들도 와인을 선물하고 난로에 불을 피워 주었다. 따뜻한 밤이었다. 술로 몸이 달아올랐고, 창밖에는 밤의 호수가 있었다. 남자 관리인은 휴대폰을 꺼내 토레스 델 파이네의 풍경 사진을 보여 주었다. 자연을 좋아한다면 국립공원 관리인이란 직업도 나쁘지 않은 듯하다. 특히 이렇게 거대하고 때론 퓨마를 만날 수 있는 국립공

원이라면 행운의 직업이다. 밤 10시가 넘어가자 관리인들은 숙소로 돌아갔고 우린 차로 돌아가서 잠을 청했다. 기름 때문에라도 히터를 켜 놓고 잘 수 없었다. 히터를 켜서 데워 놓아도 이내 냉골이 되었다. 너무 추워서 눈물이 났다. 이왕 흘린 눈물, 엄마가 보고 싶다며 울다 지쳐 잠이 들었다. 이튿날부터 침낭 두 개를 끼고 뜨거운 물을 넣은 페트병을 안고 잤지만 여전히 너무 추워서 깨곤 했다.

드디어 삼봉을 오르는 날이었다. 가는 길에 두 명의 백패커를 태워 주었다. 뒷좌석의 짐을 한바탕 정리해야 했지만 당연히 할 일이었다. 저런 배낭을 메고 걸어 봐서 느낌 아니까. 커플이었는데

진심으로 고마워했다. 언젠간 그들처럼 사랑하는 이와 세계일주를 떠나고 싶다. 인연을 만나는 자체가 기적이라 장담할 수는 없지만. 도착하자 그들은 긴 나뭇가지를 찾았다. 등산 스틱 대용이었다. 물건이 필요치 않은 삶은 늘 보기 좋다. 무언가를 돈 주고 사지 않는 삶.

삼봉으로 가는 길은 그렇게 가파르지 않다. 하지만 계속 추위에 떨고 잠을 못 자고 술은 많이 마신 터라 힘들었다. 땀이 너무 흘러 잠바와 털모자를 벗었다. '하루에 사계절'이란 말이 맞았다. 숙취에 시달리는 등산객에겐 여름. 중간에 말 네다섯 마리가 줄지어 가는 모습을 봤는데, 그들도 땀을 흘리고 있었다. '여행 오니까 말이 땀 흘리는 것도 보네'라고 생각했다. 한 시간 정도 걸으니 여행자들의 휴식처인 칠레노 산장이 나왔다. 아까 그 말들이 그늘에서 쉬고 있었다. 비수기라 칠레노 산장은 문을 닫았고, 청소하지 않은 화장실만이 더럽게 위용을 자랑하고 있었다. 화장실 스트레스에서 해방됐다고 자부한 나지만 도저히 그곳에 나의 볼일을 덧댈 수 없어 숲으로 들어갔다.

칠레노 산장부터는 평지 비슷한 산길이 이어져 등산이 수월했다. 큰 나무 사이의 오솔길, 절벽, 강을 건너고 또 건넜다. 정상

즈음에는 커다란 돌산이 나와 한 시간 정도 네발로 기다시피 올라갔다. 드디어 삼봉이 보였다. 이래서 미봉이라 하는 구나. 본디 이곳은 사람을 날려버릴 정도의 강풍이 부는데, 이날은 바람도 약하고 날씨도 좋아 산의 아름다움이 그대로 드러났다. 클리너로 닦은 것처럼 시야가 깨끗하고 공기는 청명했다. 삼봉 아래는 페루 우아라스의 69호수처럼 에메랄드빛 호수가 있다. 여우도 있다. 먹을 것을 주니 곁을 맴돌았다. 참으로 예뻤다. 여우처럼 예쁘다는 말이 맞았다. 그곳에 한참을 앉아 있었다. 살아가면서 그 풍경과 그 안의 나를 잊지 못할 것 같았다. 하산하면서는 사진을 정말 많이 찍었다. 돌아와 차에서 덜덜 떨며(말해 뭐해, 추워서!) 찍은 사진을 슬라이드로 감상했다. 뛰어난 미장센의 영화. 나도 오래간만에 아름다웠다.

마지막 날에는 1만 페소(약 1만 8천 원)의 캠핑장이 비싸서 2천 500페소(약 4천 500원)라는 곳을 찾아갔다. 그러나 그곳도 그새 6천 페소(약 1만 원)로 올랐다. 남미의 관광지는 하루 자고 일어나면 물가가 오른다. 뭐 한국도 다르지 않지만. 이 캠핑장은 야외 부엌이었다. 저녁도 못 먹고 밤에 도착한 터라 등불 하나에 의지해 부대찌개를 끓였다. 벌레도 넣었을 거다. 빙하수로 만든 오스트랄 맥주를 곁들였다. 다음 날에는 차를 끌고 여기저기 드라이브를 다녔다. 살토 폭포를 보러 가다 우연히 아름다운 길을 발견했다. 차를 세우고 무작정 걷고 올랐다. 설산 사이로 호수가 나타났다. 그곳에서 또 맥주를 마셨다. 따뜻한 햇볕 아래 앉아 흐르듯 흐르지 않는 듯 조용한 호수를 바라보았다. 욕 나오게 아름다웠다. 역시 여행에서 우연은 축복이 되곤 한다.

드라이브를 하다 보니 까맣게 그을린 들판과 나무가 많았다. 처음엔 겨울이라 마른 줄 알았는데 불에 탄 거였다. 이스라엘 배낭 여행자가 캠핑 중에 불을 냈다는데, 강풍이 불어 거대하게 번졌다고 한다. 회복이 되려면 몇 년이 소요될지 모른다. 까만 나무가 계속, 계속, 차를 타고 가도 계속 나와 가슴이 저릿했다. 칠레인들은 오죽할까.

오두막
소고기

바릴로체

아르헨티나

○

　　바릴로체는 유독 숙소비가 비싸다기에 에어비앤비를 알아봤다(아르헨티나 어디든 물가가 장난 아니지만). 빈티지 원피스를 입고 환히 웃는 주인아주머니, 나무로 만든 오두막, 포근한 침구가 놓인 침대, 창에 걸린 물고기 장식, 그 너머로 보이는 호수까지, 에어비앤비 사이트에서 본 첫인상은 동화 속 집이었다. 바로 예약했다.

칠레에서 국경을 넘어 아르헨티나의 바릴로체 시내에 도착했다. 예약한 숲속의 오두막을 가려면 숲속행 버스를 타고 여덟 번째 정류장에서 내려야 했다. 그런데 『론리 플래닛』속 교통카드 판매 부스는 2~3년 전 정보라서 이미 없어진 후였다. 관광안내소 직원은 그냥 없어졌다면서 자기 할 일을 했다. 바릴로체는 교통카드 없이 현금으로는 버스를 탈 수 없다. 일행과 나는 일단 버스에 타서 맘씨 좋아 보이는 승객에게 교통카드를 찍어 달라 부탁하고 현금을 줬다. 스페인어가 안 되니 불쌍한 표정과 커다란 배낭으로 '제발'의 마음을 전달했다. 굽이굽이 2차선을 돌아 도착한 정류장에는 주인아주머니가 나와 계셨다(그녀에게 버스 번호를 물어본 전화비는 훗날 10여만 원으로 날아왔다). 아주머니는 좀 더 가야 한다면서 도로를 따라 걸었다. 주변은 온통 숲이었는데, 어느 숲에선가 좌회전해 한참을 더 들어갔다. 가로등 하나 없어 밤에는

외출이 불가능해 보였는데 어차피 근처에 슈퍼나 술집도 없었다. 에어비앤비에 독방이라던 2층 방은 문이 없어서 모든 소리를 1층과 공유했다. 1층에는 아주머니가 간이침대를 놓고 생활했다. 하나뿐인 화장실 옆이었다. 나의 '쉬' 소리가 잠든 아주머니에게 들릴 것 같아 밤에 요의를 느끼면 참곤 했다. 마당에 있을 땐 화장실에 가느니 나무 뒤로 갔다.

가장 큰 문제는 아주머니가 채식주의자라는 것. 소고기가 기가 막히게 싸고 맛있는 아르헨티나에서 채식주의자로 산다는 건? 뭐, 개인 취향이다. 우리는 아주머니를 위해 마당에서만 소고기를 구웠다. 덕분에 인생 소고기를 만났다. 밤에는 빛 하나 없이 깜깜해서 손전등을 켜고 모닥불을 피우고. 휴가를 간 아들은 채식주의자가 아니었는지 그가 사용하는 철판에 고기를 구웠다. 버스를 타고 한참을 나가 정육점에서 사온 귀한 소고기와 소시지를! 아, 정말 뭐라고 표현해야 할까. 영화 〈아이 엠 러브〉에서 틸다 스윈튼이 오르가슴 수준의 황홀을 느끼며 요리를 먹는 장면과 닮았다. 틸다 스윈튼은 그 셰프와 사랑에 빠지는데 나도 고기를 구워 준 일행에게 사랑 고백을 할 지경이었다. 그 후 아르헨티나 어딜 가도 그 맛은 찾을 수 없었다. 바릴로체에서 스테이크로 유명한 레스토랑에도 갔지만 역시 그만큼은 아니었다. 우리는 모닥불에 한바탕 고기를 굽고 와인을 마시며 깜깜한 숲속에 가만히 앉아 있었다. 말했다시피 요의를 느끼면 주변에서 해결하며 말이다. 그러곤 옷에 밴 고기 냄새를 미안해하며 채식주의자를 지나쳐 2층으로 올라가 잠이 들었다. 아주머니는 고기를 먹는 우리에게 점점 쌀쌀맞게 대했다. 에어비앤비에 채식주의자임을 밝히거나, 숙박 조건으로 '고기 금지'를 내걸어야 맞지 않나. 아르헨티나 여행자에게 고기를 먹지 말라니! 아주머니의 히스테리는 점점 심해졌다. 나중엔 우리도 화가 나 '마녀의 집'이라고 불렀다(뒤에서). 우리는 소고기에 홀린 헨젤과 그레텔 정도? (죄송합니다)

낮에는 산책을 갔다. 호수 둘레에 집 몇 채가 있었다. 사랑하는 이와 호수를 바라보는 노년이야말로 성공이 아닐까. 그만큼 고즈넉하고 평화로웠다. 근처 산에는 전망대가 있었다. 리프트 비용을 아끼려고 걸어 올라갔다. 길을 잘못 들어 나무에 다리를 베고 흙구덩이에 굴렀지만 정상의 호수 풍광이 충분한 값어치를 했다. 태초에 호수만이 있었는데, 사람을 살게 하고자 땅 몇 조각을 흩뿌린 것 같았다. 저 멀리 교통카드를 찾아 헤맸던 시내가 보였다. 저녁이 어스름해지자 하나둘 불이 밝혀졌다. 지친 우리는 리프트를 타려 했으나 이미 마감돼 걸어 내려왔다. 그리고 역시나 오두막 마당에서 모닥불을 피웠다.

3일간 삼시 세끼 고기를 먹고 다른 숙소로 옮겼다. 주인아주머니의 눈칫밥이 우리의 '고기욕'을 이겼다. 이번엔 시내 중심가의 게스트하우스에 자리를 잡았다. 로비에서 병맥주를 팔고, 맥북을 켠 여행자들이 있는 세련된 곳이었다. 역시나 테라스에 나가면 호수가 보였고, 거리에는 특산품인 초콜릿을 북적북적 팔고 있었다. 이리저리 시내를 기웃거리다 줄을 길게 선 베이커리의 초콜릿 아이스크림을 사 먹었다. 그러다가 격렬하게 그리워졌다. 숲과 모닥불과 아무것도 보이지 않는 밤과 혀를 녹이는 고기와 오두막을 배회하던 상처 입은 아기 고양이가. 이들만 있어도 인생은 행복하리.

화남
주의

엘칼라파테

아르헨티나

○

　남미여행 사진에서 최고의 화제는 페리토 모레노 빙하다. 푸른 빙하에 서 있는 내 사진은 "아, 정말 모험을 떠나셨군요. 대단해요" 같은 반응을 샀다. 하지만, 여행 중에 가장 실망했던 곳이 페리토 모레노 빙하다. 빙하는 그 자체로 장엄하나 가격 대비 부실한 투어 때문이다. 엘칼라파테에서 출발하는 이 투어는 소요시간에 따라 미니 아이스와 빅 아이스로 나뉜다. 약 10만 원대의 미니 아이스 투어를 떠났다. 정말 미니였다. 투어 마지막에 망치로 깬 빙하 얼음으로 '위스키 온 더 록'을 마시며 "응? 정말 이게 끝이야?" 싶었다. 거기 모인 관광객의 표정도 그랬다. 빙하 투어가 아니라 10만 원짜리 위스키를 마셨다랄까. 얘기를 들어 보니 빅 아이스 투어도 별반 다르지 않았다. 조금 더 거닐다가 위스키 온 더 록으로 마무리한다고. 빙하가 위치한 로스 글라시아레스 국립공원 입장료는 투어비와 별도로 3만 원가량 내야 했다. 이곳을 떠난 3일 뒤에 가격이 '또' 인상되었다. 빙하 투어의 가격은 주기적으로 껑충 뛰는 모양이다. 후에 콜롬비아 보고타에서 만난 한인은 5년 전엔가 20만 원짜리 페리토 모레노 빙하 투어를 갔는데, 차라리 30만 원짜리 투어를 안 해서 다행이었다고 했다. 남극을 가려면 수백만 원이 드니 이 가격에 만년빙을 밟아 본 걸로 만족해야 할까. 그렇다고 20여 분의 빙하 산책과 위스키 한 잔으로 '퉁'치는 투어사의 속셈이 밉다.

그래도 빙하는 신기해서, 연신 사진을 찍고 만져도 보았다. 빙하의 하얀 면은 내린 지 오래되지 않은 부드러운 눈이고, 푸른색은 수천 년간 쌓이고 쌓여 단단해진 얼음이다. 빙하 사이에 웅덩이나 균열이 있는데 깊어질수록 짙은 파란색, 남색이었다. 누군가 휴대폰을 그곳에 빠트려 가이드에게 찾아 달라고 하자 "그럼 네가 이 빙하를 다 녹여"라고 했다. 휴대폰은 아득한 빙하 어딘가로 사라졌고, 혹시라도 그 아득한 곳으로 내가 빠질까 봐 아이젠을 더 '쾅' 얼음에 박았다. 가이드는 내리 걷기만 한 게 미안했는지 크레바스를 보여 주겠다고 했다. 초등학교 때 《과학동아》에서 빙하의 깊은 균열인 크레바스를 본 적 있다. 탐험가들이 눈으로 살짝 덮인 크레바스를 모르고 밟아 추락한다는 내용이었다. 무섭지만 잔뜩 기대하고 있는데, 가이드는 '손가락으로 동그라미를 그려 봐, 그걸 뺀 만큼 널 사랑해'만 한 크기의 구멍을 보여 주며 "이 밑에 수천 년 어쩌고" 하는 설명을 이어갔다. 이런 크기라면 밟아도 발 사이즈 230 이상은 무리 없이 지나갈 듯했다. 그때부터였던 거 같다. 빙하 투어에 일말의 기대감까지 버린 것이.

차라리 전망대에서 빙하를 바라보는 편이 훨씬 좋았다. 높이 60여 미터의 빙하가 끝이 안 보였다. 파랗고 하얀 페이스트리의 케이크 같았다. 그 결은 계속 봐도 지루하지 않았다. 가끔 빙하의

일부가 커다란 소리를 내며 쓰러졌는데, 종종 있는 일이란다. 케이크를 먹으려고 포크로 모서리부터 내리찍은 것 같았다. 『론리플래닛』에는 "작은 단면이 무너지는 것 같지만, 전망대와 빙하의 거리가 20층 빌딩과 맞먹으니 떨어져 나가는 작은 얼음덩어리가 사실은 차 한 대만 한 크기"라고 하였다. 이런 자연을 두고 사람들은 이딴 투어나 생각하다니.

빙하를 밟아 보려고 오는 배낭여행자에게 엘칼라파테는 너무 비싼 도시다. 한인이 운영한다는 예쁜 펜션은 30만 원을 호가했고, 머무는 5일 동안 한 번도 식당에 가지 못했다. 유리창 너머로 통돼지 바비큐가 돌아가고 있었는데, 메뉴판을 볼 생각도 하지 않았다. 이곳에 맛있는 베이커리 가게가 있다는데 역시 찾아갈 마음이 없었다. 거리에는 여행사와 따뜻한 겨울 캠핑을 위한 가게들로 북적였다. 펭귄을 소재로 한 기념품 가게도 많았지만 역시 아무것도 사지 않았다. 따뜻한 호스텔에 올라가 누군가가 오래도록 끓이고 있는 뭉근한 스파게티 소스를 들여다보았다. 그가 저녁을 먹으면, 남는 가스레인지로 요리를 했다. 주로 감자를 넣은 고추장찌개였다. 하루는 호수로 떨어지는 노을을 보러 가다 중간에 주저앉았다. 빙하 위스키를 먹은 뒤로 엘칼라파테에서 아무것도 하지 않는 사람이 되어 있었다.

새벽의
퓨마

○

　누가 정하는지 모르겠는, 세계 5대 미봉 중 하나인 피츠로이산을 등반하기로 했다. 엘칼라파테에서 차를 렌트한 뒤, 같이 갈 친구를 남미 단톡방에 모집했다. 나와 오빠, 20대 청년 셋이 기름값과 렌트비를 아슬아슬하게 맞췄다. 렌트비가 예상보다 훨씬 비쌌기 때문이다. 역시 남미의 물가는 1년 전 블로그 정보에서 1.5를 곱해야 한다. 엘칼라파테에서 피츠로이를 등반할 수 있는 엘찰텐까지 차로 세 시간 반. 아침 일찍 출발했지만 길 중간중간 차를 세워 도착이 늦어졌다. 너무 아름다웠기 때문이다. 분홍색 호수가 있었는데 돌아오는 길엔 하늘색이었다. 햇빛의 채색이었다. 여우가 놀았고, 모두들 여우와 사진을 찍었다. 도로는 차가 거의 없어, 한가운데 눕기도 하였다.

엘찰텐은 점심에 도착했다. 피츠로이 등반자를 위한 조그만 마을이다. 등산 용품 대여점이 모두 문을 닫았다. 시에스타였다. 다들 점심 먹고 낮잠을 자러 갔다. 자전거를 탄 여행객 한 명을 만났을 뿐이다. "혹시 문 연 상점은 없니?" "뭐가 그리 급해?" "지금 피츠로이에 올라가지 않으면 해가 진다고…." "3시에는 열 거야. 기다려." 3시라니. 어차피 피츠로이에서 1박을 하고, 새벽에 정상에 오를 생각이었다. 일출에 붉게 물드는 피츠로이를 보기 위해서다. 하지만 해 지기 전에 1박을 할 수 있는 산 중간 지점까지 가려면 3시 출발은 빠듯했다. 남미에서 급한 사람은 우리뿐. 결국 3시까지 가만히 기다렸다.

상점 문이 열리자마자 배낭과 침낭, 버너 등을 빌리고 파워워킹으로 피츠로이로 향했다. 경관 따위, 사진 따위 생각하지 않고 앞만 보고 올라 다행히 해가 지자마자 원하던 지점에 도착했다. 어둠 속에서 텐트를 치고 버너에 라면 네 개를 끓였다. 이곳 사람들이 유일하게 적게 먹는 것은 라면인 것 같다. 국물 라면 하나의 양이 비빔면보다 적었다. 비수기라 주변에 텐트는 두세 개뿐이었다. 다들 일찌감치 텐트 속에 들어갔다. 우리도 대충 치우고 텐트로 들어가 버너를 틀었다. 추웠기 때문이다. 내가 버너를 넘어트려서 텐트에 불이 날 뻔했다. 다들 놀랐지만 뭐라 하지 않았다. 너무 추웠기 때문이다. 밖에서 부스럭부스럭 소리가 났다. 야생동물이 남은 음식물을 털러 왔다. 그래서 다른 등산객들은 음식을 나무 위에 걸어 뒀나 보다. 우린 여우인지 너구리인지 나가 보려 하지 않았다. 추웠기 때문이다. 화장실이 가고 싶었다. 신은 왜 소변볼 때 바지를 내리게 했을까. 이렇게 추운데. 손가락에서 소변이 나오고 손만 씻으면 얼마나 좋을까. 너무 깜깜해 멀리 가지 못하고 적당한 곳에서 바지와 내복을 내리고 하늘을 쳐다보았다. 맑은 별이 쏟아져서, 이런 것도 낭만 있네, 라며 아주 잠시 추위를 잊었다. 텐트로 돌아오니 다들 누워 있었다. 추워서 셋의 가운데에 눕고 싶었으나, 청년에게 자리를 양보하였다. 나보다 산을 못 타는 친구였다. 어차피 몇 시간 뒤면 일어나 동트기 전에 정상에 올라야 했다.

새벽 등반은 뭐, 말할 것도 없이 추웠지만 땀이 흘러 그나마 나았다. 청년은 어제 너무 떨었던지 금세 뒤처졌다. 저 멀리서 "먼저 가요"라고 소리쳤다. 청년의 손전등은 점점 희미해졌다. 땀으로 옷은 축축해졌고, 나와 오빠는 정상에 해보다 먼저 도착했다. 땅은 컴컴하고 하늘은 검푸르렀다. 뾰족한 봉우리가 보였다. 붉게 물들기 전에 퍼렜다. 달도 떴다. 아래의 호수가 봉우리와 달을 그대로 비추었다.

오빠는 청년을 찾으러 내려갔다. 나 혼자였다. 호수의 물소리만 찰랑거렸다. 호수도 물소리를 내는구나. 그만큼 조용했다. 우주에 혼자 있는 기분이라면 지나친 미화일까. 방구석에 혼자 있을 때와는 다른 종류의 고독이었다. 정말 아무도 없다면, 아무도 없을 것 같은 기분이었다. 잡생각이 들었다. 인생이란 뭘까 따위… 어디선가 검은 물체가 움직였다. 나와 2미터쯤 떨어진 곳에서 눈동자가 빛났다. 퓨마다! 파타고니아 일대를 등반하면 퓨마를 종종 만난다는데, 정말 만나다니. 그런데 퓨마는 육식동물 아닌가? 치타랑 비슷한가? 그럼 나 먹힐 수도 있네? 온몸이 굳었다. 재가 날 알아차리지 못하게 바위처럼 보여야 했다. 5분이 지났을까, 저 멀리서 일행들의 말소리가 들렸다. 나는 속삭였다. "오지 마, 퓨마가 있어. 그리고 제발 조용히 해." 물론 일행은 듣지 못했다. 자꾸 큰소리를 내며 다가왔다. 나는 참지 못하고 울먹였다. "제발 오지 말라고!"

그건… 나무 밑동이었다. 너무 어두워서 퓨마인 줄 알았고, 바람에 눈동자가 흔들려서인지 움직이는 줄 알았다. 일행들의 비난과 안도감, 그러면서도 아쉬움(언제 퓨마를 또 보나). 그때 피츠로이 봉우리가 붉게 물들어갔다. 주황색으로, 빨간색으로. 와, 저래서 미봉이라 하는구나. 말을 잃었다. 자연보다 아름다운 건 없다.

으리는 날이 밝아 한참이 지나도 가만히 봉우리를 쳐다봤다. 쟤처럼 예뻤으면 좋겠다. 나도, 내 인생도.

하산하면서 굉장히 피곤했지만, 근처의 빙하를 보기로 했다. 피츠로이는 수십 개의 대형 빙하와 빙산이 있는 로스 글라시아레스 국립공원에 자리한다. 휴대폰으로 지도를 보는데 마침 빙하가 떴다. 개울을 넘고 길이 아닌 숲을 지나자 키보다 큰 암석들이 겹쳐 나타났다. 암석을 타야만 빙하를 볼 수 있었다. 바위를 잡고 기어오르고 건너뛰는데, 갈수록 이건 길이 아니었다. 바위에서 떨어지면 바닥에 내쳐지기 전에 머리가 깨져 죽을 거 같았다. 오빠는 끝까지 갔고, 나는 코앞에서 멈췄다. 혼자 암석에서 울고 나니 오빠는 "역시 멋진 풍경"이라며 돌아왔다. 한 발짝. 이것이 나의 생명을 구했을까, 하나의 풍경을 놓치게 했을까.

한 발짝 더, 한 번 더 힘내라는 말, 비웃었다. 네가 해 봐. 나 할 만큼 했거든. 그런데 어쩌면, 지레 포기했나 싶다. 그냥 인생이 무지 기니까, 조금 더 애써도 되지 않나. 빙하처럼 아름다운 목표라면. 후에 일행의 카메라로 빙하를 보고 엄청 후회했으니까.

음악이 있어
다행이야

우수아이아

아르헨티나

○

　　엘칼라파테에서 우수아이아로 가는 비행기에서 깜빡 잠이 들었다. 잠결에 창문 덮개를 열자 처음 보는 풍경이었다. 사람으로 치면 한 성깔 할 듯한 설산이 촘촘히 끝없이 이어졌다. "이곳은 대륙이 아니다, 함부로 올 곳이 아니며, 비행기가 아니었으면 넌 죽었다 깨나도 못 봤을 풍경이다"라고 말하는 듯했다. 정말 '세상의 끝' 우수아이아에 가고 있구나. 우수아이아가 있는 남미의 최남단은 티에라델푸에고로 불린다. 해석하면 불의 땅. 항해하던 사람들이 이 땅에서 불을 피우는 원주민을 보고 이름 지었다고 한다. 비행기에서 내려다본 설산들의 거칠게 삐죽삐죽 솟은 모양은 불이 타오르는 모습과도 닮았다.

우수아이아 공항에서 시내까지는 10여 분이 걸린다. 『론리 플래닛』에서 미리 봐 둔 평점 높은 숙소는 이미 만석이라, 다른 숙소를 찾아 배낭을 메고 걸었다. 바다를 바라보는 오르막 내리막이 많았다. 걷다가 지쳐 비싸고 자시고 부엌과 방이 딸린 아파트 형태의 숙소를 빌렸다. 당시는 우수아이아의 겨울이라, 머리가 심하게 헝클어질 만큼 바람이 세고 추웠는데, 게스트하우스의 분위기도 그랬다. 투숙객들은 마지못해 서로에게 인사하는 것 같고, 다들 에너지를 아끼는 곰처럼 웅크렸다. 젊은 여자 주인만이 분위기보다 세 톤 높은 경쾌한 목소리로 말을 걸곤 했다. 그녀는 마트에서 비닐봉지를 따로 팔지 않는다며 장바구니를 빌려주었다. 하얀색 에코백에는 펭귄이 그려져 있었다. 우수아이아는 어디를 가든 펭귄이 있다. 등산 용품을 파는 가게에도, 벽화에도, 당연히 여행사에도 펭귄 사진이나 그림, 기념품이 있다. 이곳은 펭귄을 보러 가는 것이 주요 관광코스인데, 펭귄들은 우수아이아의 봄여름인 10월에서 3월까지만 볼 수 있고 이후에는 떠난다고 한다.

우수아이아에서 가장 분주한 곳은 마트다(그만큼 조용한 마을). 아르헨티나의 값싸고 맛있는 소고기, 항구도시인 만큼 신선한 홍합, 새우 등과 술을 잔뜩 샀다. 나만의 부엌에서 눈치 보지 않고 요리할 수 있으며(고추장, 마늘향이 다른 이에게 거부감을 줄 수도 있으니까), 추운 날씨 때문에 실내에서 많은 시간을 보내리란 직감이랄까. 그 유명하다는 킹크랩 레스토랑(정말 킹으로 큰 게가 나온다는데)에 갈 여력도 없었다. 늘 배가 부르고 냉장고에는 먹을 게 잔뜩 남아 있었기 때문이다.

첫날은 우수아이아의 바다를 따라 산책했다. 여타 항구와 다르게 작은 나룻배나 보트는 보이지 않았다. 커다란 유람선, 크루즈와 저 멀리 군함도 보였다. 우수아이아는 이전에 죄수들의 유배

지었고 현재는 해군의 주둔지다. 시내에는 죄수 인형과 그들을 실어 나르던 기차 모형이 있다. 그들은 감옥도 직접 지었다고 한다. 죄수를 몰아넣을 만큼 춥고 삭막했던 곳. 밤마다 세차게 부는 바람은 이곳의 겨울이 그때만큼은 아니어도 건재함을 알려 준다. 숙소의 창문은 유리와 덧문으로 이중잠금인데, 밤에는 감히 손댈 수 없을 정도로 세차게 흔들렸다. "문 열어줘!" 하고 쿵쾅쿵쾅 두드리는 것 같았다. 『폭풍의 언덕』에서 폭풍우 치는 밤에 사랑하는 여인의 유령을 본 히스클리프가 창문을 깨고 소리 지르는 모습이 연상됐다. 관광객이 인증 사진을 찍는 '핀 델 문도(Fin del Mundo)' 즉 세상의 끝이라는 표지판보다 거센 바람이 세상의 끝임을 말해 주었다.

둘째 날은 '세상 끝 등대'를 보기 위해 여행사를 방문했다. 영화 〈해피투게더〉에서 "세상의 끝에 가고 싶다"던 장국영의 바람이 담긴 빨간색 등대. 인터넷으로 알아보니 750페소(약 5만 원)로 가격은 어디든 동일하다고 했으나, 바닷가의 한 여행사 직원은 현금을 내면 600페소까지 해 주겠다고 했다. 이런 식으로 월급의 부족한 부분을 충당하는 듯싶었다. 나야 손해 볼 것 없으니 예약을 하고 다음 날 항구로 갔다. 한강을 다니는 유람선보다 두 배쯤 큰 배였다. 나 말고도 많은 외국인, 아르헨티나인들이 탔다.

아르헨티나인에게도 이곳은 쉽게 오기 힘든 관광지일 것이다. 실내는 20여 개의 테이블과 소파가 있고 한쪽에선 커피를 팔았다. 사람들은 풍경을 보기 위해 갑판으로 나갔는데, 너무 추워서 따뜻한 커피를 마시지 않을 수가 없었다. 나 역시 갑판으로 나가서 멀어지는 우수아이아를 바라보았다. 설산에 포근히 싸인 마을은 꽤 아름다웠다. 차가운 공기가 청량하고 신선한 냄새를 풍겼다. 하지만 부슬비가 바람을 타고 그닥지 않게 얼굴에 세게 부딪치는 데다 너무 추워 실내로 들어왔다 나가기를 반복했다. 노곤하고 지쳐 나중엔 아예 갑판에 나가지 않았다. 내 테이블 맞은편에는 아르헨티나 부부가 앉았다. 이들은 한 번도 갑판에 나가지 않았다. 부인은 남자의 무릎에 눕다시피 기댔고 커피를 마셨다. 왜 돈을 내고 이 배에 탔을까 의문이 들 정도였다. 심지어 하이라이트인 '세상 끝 등대'가 나올 때도 나오지 않았다. 이젠 의문이 들다 못해 쿨하게 느껴졌다.

등대는 무척 아름다웠다. 남극을 지척에 둔 거대한 바다에 홀로 선 빨간색 등대. 별게 없는데 왜 이리 아름다울까 싶을 만치 아름다웠다. 등대가 있는 바위에 내릴 수는 없었다. 영화 〈해피투게더〉에서 빨간 등대에 기댄 사진이 나오는데, 예전에는 가능했을까. 사실 등대 말고는 좀 지루했다. 물개가 집단 서식하는 작

x-presso
TAKE AWAY
Café
x-presso
Fin del Mundo
#HELIUSHUAIA
World's End

은 바위섬과 또 갈매기와 물개가 집단 서식하는 바위섬을 보았는데 '똥이 정말 많겠다'란 생각만 들었다. '혹시 펭귄섬도 이렇다면 굳이 안 보길 잘했네'라며 볼 수 없는 시즌에 간 나를 위로했다.

날씨 때문인지 거리에는 사람이 거의 없었다. 여행사와 기념품 가게의 직원들은 아르헨티나인 특유의 웃지 않는 얼굴로(저의 선입견이라면 죄송합니다) 앉아 있었다. 그러다 주말, 우연히 거리 공연을 보았다. 차도를 막고 천막이 세워졌다. 그렇게 많은 주민은 처음 보았다. 그래봤자 20~30명이었지만. 천막 아래 오보에, 키보드, 트럼펫 등을 연주하는 할아버지와 청년이 있었다. 한쪽에는 엔지니어가 있고 스피커가 설치되어 있었다. 공연은 음반을 사고 싶을 정도로 훌륭했다. 주민 몇은 흥에 겨워 춤을 췄다. 그 모습이 자연스러워 '이들은 즐거우면 춤을 추네, 부럽다'고 생각했다. 구경꾼들도 모두 행복한 표정이었다. 춥고 거센 바람이 부는 마을에 음악이 있어 다행이지 싶었다. 음악은 정말 중요하다.

우수아이아에 한국인도 살고 있다는데, 그때는 몰라서 찾아가질 못했고, 설사 알았더라도 난로를 피운 숙소에서 홍합짬뽕 만들기를 포기하진 않았을 거다. 거리 공연이 열리면 모르지만. 참,

이곳에는 남극으로 출항하는 크루즈가 많다. 남극여행은 인당 수백만 원이라는데, 과연 내 생애 남극을 가 볼 수 있을까 싶다. 그런데 내 생애 남미는 또 언제 올 줄 알았나. 인생은 알 수 없다. 적어도 지금은 남극이란 지명을 알기라도 하지, 남미와 라틴아메리카를 헷갈려 한 적도 있다.

도도한
미녀

부에노스아이레스

아르헨티나

○

"당장 이 도시를 떠나자."

강도에게 위협을 당한 동행이 씩씩거렸다. 부에노스아이레스(이하 부에노스)의 중심인 5월 광장에서 버스로 30분 거리에 위치한 라 보카에 갔다가 강도를 만난 거다. 안내책자는 라 보카가 탱고의 발상지이며(19세기 이곳의 이민자들이 선술집과 사창가에서 추던 춤이 탱고다), 아티스트들의 아름다운 벽화가 있다고 했다. 단, 위험하니 한적한 곳은 걷지 말라고 빨간 글자로 적혀 있었다. 라 보카에 도착하니 한국어가 들렸다. "꼬레아? 대마초 있어." 대낮에 레스토랑 웨이터들이 커피와 대마초를 함께 외친다. 알록달록한 벽화는 사진발을 받게 했지만, 호객 행위에 질린 우리는 한 시간 만에 시내로 돌아가는 버스정류장으로 갔다. 그때였다. 라 보카 항구에서 청년이 비틀거리며 다가왔다. 느낌이 안 좋은 나는 빠른 걸음으로 버스를 탔는데, 붙잡힌 동행은 얼마의 돈을 쥐어 주고 풀려났다. 강도를 만나도 물리칠 자신이 있다던 특전사 출신의 남자였다. "이 자식이 버스가 가까워져 오니까 칼로 옆구리를 쿡쿡 찌르잖아. 술이 아니라 약에 취한 거 같더라고."

그날 밤 그는 "칼에 찔리면 기분이 얼마나 더러운지 아느냐"라며 화나 있었지만, 예약한 탱고 공연이 있기에 밤에 다시 나와야 했다. 부에노스의 웬만한 공연은 밤 10시부터 시작한다. 클럽도 한국의 피크타임이 자정부터라면, 이곳은 새벽 1시나 돼야 영업을 시작한다. 예약한 공연은 많은 한국인 여행자들이 '인생 공연'이라고 추천한 탱고였다. 세계 3대 오페라 극장인 콜론 극장 옆, 대로변에 자리한 큰 공연장이 기대감을 불러왔다. 디너를 함께 하면 1천 300페소(약 8만 5천 원), 공연만 보면 420페소(약 2만 7천 원)다. 생각보다 싸다고 생각했는데, 보고 나니 딱 3만 원짜리였다. 30여 명의 무희와 라이브 연주자들이 코앞에 있었지만, 에너지를 느낄 수 없었다. 탱고의 테크닉은 화려했으나 그뿐, 관광객을 대상으로 한 열정 없는 무대였다. 현지인들이 탱고를 즐기는 밀롱가에 가서 '진짜 탱고'를 보고 싶었으나 동행은 '더 이상의 부

데노스'를 원하지 않았다. 나도 그쯤 되니 부에노스에 한 대 맞은 사람처럼 기운이 없었다. 심지어 충전 중인 노트북이 전압 불안으로 고장이 나자 더 심해졌고 얼른 이곳을 떠나고 싶었다(부에노스의 전자상가를 이 잡듯 뒤진 사람이 나 말고 또 있을까).

게스트하우스로 돌아오니, 두 명의 투숙객이 치고받고 싸우고 있었다. 투숙객이라기엔 뭣하다. 그 게스트하우스는 콜롬비아, 베네수엘라 등에서 일자리를 찾아 부에노스로 온 노동자들이 머무는 여인숙 같았다. 처음엔 우리와 같은 배낭여행자인 줄 알았다. 시내에서 "깜비오(환전)"를 외치는 그들을 보기 전까지는. 얼굴을 아는 내게 환전을 강요할까 봐 길을 돌아가야 했다. 그들의 낙이라고는 힘든 노동을 끝낸 밤에 술 한잔하고 음악을 크게 듣는 거였다. 음악은 새벽 4~5시까지 계속됐고, 우린 불면했다. 공 묘기를 하는 '새 식구'가 온 날엔 소음이 절정이었다. 테이블엔 맥주 몇 병이 다지만 음악만큼은 여느 파티 못지않게 틀어댔다. 술 취한 친구들은 새 식구가 공 묘기를 보일 때마다 100페소를 줬고, 우리도 반강제로 돈을 내야 했다. 술 취한 친구가 계속 말했다. "저렇게 열심히 일하는데 돈을 줘야지." 거리에서 공연하는 본인이 행인들에게 하고 싶은 말인 듯 보였다. 그 모습이 서글펐지만 불면에 지친 우리는 그들을 데면데면하기 시작했다.

늦은 밤 마리화나를 권유받은 뒤론 솔직히 무섭기까지 했다.

그날의 싸움은 다행히 친구들이 뜯어말렸다. "무서운 게 아니라 서글프더라." 같이 싸움을 말렸던 내 동행이 침울하게 말했다. 열악한 이곳에서 함께 살다 감정의 골이 깊어진 듯했고, 그들을 내몬 이 상황이 슬프다는 거였다. 싸움이 끝나고, 나는 고개를 들 수 없었다. 싸우는 모습을 여행자에게 보여 자존심 상해 하는 그들을 보았기 때문이다. 투숙한 첫날, 비닐봉지에 채소를 써는 내게 도마를 갖다 주던 콜롬비아 친구도 고개를 돌렸다. 그러고 보니 그 친구가 내게 말을 건 지 꽤 된 듯했다. 내가 은근히 사람들을 피하고 있음을 알았나 보다.

"넌 아르헨티나가 좋니?" 첫날, 그 친구가 도마를 건네며 물은 말이다. "왜?" "부에노스 사람들은 늘 화난 표정이야." 그러면서 정말 환히 웃었다. 그는 아이들 교육 때문에 부에노스에 왔고, 환전상으로 일했다. 곧 콜롬비아를 여행할 거라는 내게 "콜롬비아는 정말 좋아"라면서 엄지를 추켜세웠다. 할 말은 많아 보였지만 영어가 거의 되지 않았다. 그렇게 환히 웃는 남자에게 부에노스는 꽤 차가울 거다. 특히 이 게스트하우스의 상황은 정말 열악했다. 부엌 집기는 거의 없어 아이스크림 스푼으로 밥을 먹어야 했고, 냉장고는 청소한 지 100년은 돼 보였다. 가스레인지에는 바퀴벌레가 지나갔다. 여행자에게 그 정도는 아무것도 아니려니 했는데, 수저가 있는 서랍을 열자 바퀴벌레 여러 마리가 흩어졌다. 구역질이 나왔다. 괜히 눈물이 났다. "대체 이 게스트하우스는 왜 관리를 안 하는 거야." 게스트하우스의 사장은 전화로만 지시하지 얼굴 한 번 내비치지 않았다. 따뜻한 햇볕, 궁색하지만 깨끗하게 닦은 집기가 있는 콜롬비아를 떠나 어쩔 수 없이 이곳에 머무는 그가 가여웠다.

베네수엘라에서 온 친구는 열악한 부엌에서 만든 거라기엔 어엿한 수프를 우리에게 갖다 줬다. '감동 수프'였다. 닭을 푹 고아 살을 찢고, 파스타 면을 잘게 부숴 끓인 수프는 한국의 닭죽과 비슷했다. 생각해 보면 투숙객들은 다들 요리를 잘했다. 잘게 썬 소고기로 볶은 스파게티, 감자를 푹 익혀 닭과 끓여낸 요리, 매일 열심히 타 먹는 코카 차. 그런 부엌에서 매일의 삶을 요리하고 있었다. 내가 감히 그들을 가여워할 수 없다.

한번은 게스트하우스에서 탱고를 배웠다. 히터가 제대로 들지 않는 방에서 나와, 거실의 난로에서 머리를 말리고 있던 때다. 밤 11시, 웬 남자가 들어오더니 '프리 레슨'이라며 탱고를 추자

그 했다. "지금?" "어, 지금." 그는 몇 장의 CD를 갈더니 "그래, 이게 탱고 음악이지!"라면서 나를 잡아끌었다. 탁자를 치운 거실은 탱고 홀이 돼 있었다. 한국에서도 탱고를 배운 적이 있는데, 지겨워서 두 달을 못 채웠다. 퇴근한 직장인들의 땀내 나는 와이셔츠에 붙어 춤을 추면 야근하는 기분이 들어서다. 이 탱고 선생 역시 어디선가 일하고 왔는지 땀 냄새가 났다. 하지만 남자가 리드하는 탱고에서 프로페셔널한 그의 스텝은 나를 빠져들게 했다. 몸이 저절로 움직였다. "탱고에선 남자가 잘 춰야 해. 넌 따라오면 돼." 그러면서 몇 가지 스텝을 알려 주었다. 신기하게 난 탱고 동작을 자연스레 하고 있었다. 사람들이 모이기 시작했다. 싸움을 말리던 흑인 친구, 콜롬비아에서 온 환전상, 게스트하우스에서 청소하는 여성까지. 우린 동그랗게 모여 음악에 몸을 푸는 연습부터 했다. "어깨에 힘을 빼고 음악에 몸을 맡겨 봐." 흑인 친구는 꽤 췄는데, 동굴에서 울리는 듯한 저음으로 스텝을 외웠다. "우노(하나), 도스(둘), 뜨레스(셋)…." 이 매력적인 목소리로 싸우는 친구들에게는 뭐라고 했을까.

이 게스트하우스가 내가 본 가장 강렬했던 부에노스다. 하지만 바퀴벌레만은 참을 수 없어 숙소를 옮겼다. 배낭여행자를 전문으로 상대하는, 부킹닷컴의 상위권에 드는 게스트하우스였다.

로비에는 부에노스를 즐기는 열 가지 방법이 빼곡히 붙어 있었다. 보카 주니어스 경기장에서 축구 보기, 탱고 레슨, 자전거 시티 투어, 당일치기 우루과이 관광, 주말을 불태우는 클러빙까지. 그중 하나인 아사도 파티에 참여해 저녁을 먹었다. 아사도는 그릴에 두세 시간 고기를 굽는 아르헨티나식 바비큐다. 아르헨티나의 소고기는 언제나 최고다. 특히 고기 굽는 데 일가견 있는 현지인이 숯불에서 굽는 부위별 아사도는 정말이지 끝내줬다. 다른 한편의 부에노스는 이렇게 관광객을 위한 즐거움이 넘치고 있었다.

하루는 라틴아메리카 미술관에 갔다. 아르헨티나의 재벌 에두아르도 콘스탄티니가 설립한 아주 현대적인 미술관이다. 때마침 설립 이후 지금까지의 소장품을 모두 전시하고 있었다. 그곳에 오는 사람들의 패션은 사토리얼리스트(세계적인 패션 블로그)에 나와도 될 만큼 세련됐다(동행은 사람들의 비율이 좋기 때문이라지만, 꾸민 듯 안 꾸민 듯 다들 센스 있게 잘 입었다). 그들은 프리다 칼로, 페르난도 보테로와 현대 영 아티스트들의 작품을 여유롭게 감상하고 있었다. 부에노스는 이곳뿐 아니라 국립 미술관, 현대 미술관 등 많은 미술관을 구경하는 것만으로도 바쁘게 보낼 수 있다. 전시를 본 후 고급 유모차를 끄는 부부 옆에 앉았다. 작품은 지나치게 좋았다. 미술관 1층에 자리한 레스토랑의 음식 플레이팅도 더없이 세련됐다. 하지만 게스트하우스의 친구들이 계속 생각났다.

라틴아메리카 미술관, 세계에서 가장 아름답다는 오페라 극장을 개조한 엘 아테네오 서점, 에비타 페론의 묘지가 있는 레콜레타, 저녁이면 긴 줄을 서는 150년 된 카페 토르토니, 잘 빠진 상점들이 있는 팔레르모 소호만 가고 끝났다면 부에노스는 그저 '화려한 미녀'나 '남미의 파리'였을 거다. 내게 부에노스는 남미의 가난한 자들이 한 가닥의 희망을 보고 모여드는 도시이자, 그들을 너그럽게 받아들이기엔 자신의 형편도 넉넉지 않아 무뚝뚝할 수밖에 없는 미녀였다. 미모는 여전하지만, 슬픔이 서린.

게스트하우스의 친구들에게 너무 차가운 부에노스지만, 이 도시를 이해해 보고 싶다. 산책할 때, 한 블록에 하나 꼴로 있는 서점과 음반 가게는 이 도시의 문화가 얼마나 풍성한지 보여 주는 예다. 거리의 사람들은 언뜻 화나 보이지만, 문화에 대한 깊은 자부심에서 비롯된 도도함이라 생각된다. 그들도 서로에게 키스할 때는 환히 웃는다. 탱고를 출 때는 더없이 즐긴다. 다음에 그들의 삶 속으로 더 들어간다면, 미녀의 화려한 전성기를 함께하는 것처럼 신이 날 거다.

이구아수보단
전자상가

시우다드델에스테

파라과이

○

　　20층 아파트 높이에서 초당 6만 톤의 물이 쏟아진다
는 거대한 폭포. 이구아수 폭포는 아르헨티나에 80퍼센트, 브라
질에 20퍼센트 걸쳐 있다. 사흘을 투자해 아르헨티나 쪽과 브라
질 쪽 모두를 보기로 했다. 우선 아르헨티나의 이구아수 폭포인
푸에르토이구아수에 갔다. 입구에 들어서자 입이 길게 나온 너
구리들이 막 안겼다. 귀엽다며 수선을 피웠지만 개미를 흡입하
는 모습을 보곤 피해 다녔다. 사람 좋아하는 개미핥기였다.

서울대공원의 코끼리열차 같은 것을 타고 내부로 들어가면 이
구아수 폭포가 나온다. 폭포 둘레의 난간을 거닐며 관람할 수 있
다. 베스트 포인트는 악마의 목구멍. 이름만큼 세차게 물이 쏟아
지는 구간이다. 언젠가 방류하는 팔당댐을 보며 나도 모르게 몸
을 던질 것 같았는데, 악마의 목구멍은 정말 그리될까 봐 감히
오래 바라보지 못했다. 근처라고 하긴 뭣한(정말 근처는 폭포에 잠식
당할 거다) 한참 떨어진 지역에서 바라보는 데도 온몸이 젖었다.
폭포수가 떨어지며 공중으로 튀겨 내는 물만으로도 주변은 잠
식됐다. 물로 꽉 찬 느낌. 어른이나 아이나 목구멍이 뱉어 내는
물에 신나했다. 괜히 웃음이 나고 소리 지르면서(폭포 소리가 워낙
크기 때문에) 쾌감을 느끼고 있었다. 거대하고 또 거대하다. 하지만
이 압도적으로 방류되는 물과 가차 없는 하강 속도에 나는 그만

질려 버렸다. 브라질 쪽의 이구아수 폭포를 보고 싶지 않을 정도
였다.

그래도 여기까지 왔는데 싶어 버스를 타고 브라질 쪽 이구아수
폭포가 있는 포스두이구아수로 향했다. 깨끗하게 잘 정비된 도
시였다. 하지만 결국 폭포를 보지 않고 휴대폰을 사러 파라과이
에 가기로 했다. 휴대폰의 전원이 켜지지 않은 지 오래됐기 때문
이다. 포스두이구아수에서 시내버스로 30분 정도면 파라과이의
시우다드델에스테에 도착한다. 강을 건너면 바로 파라과이인 것
이다. 행여나 입국심사를 할까 여권을 챙겨 왔지만 모두 옆집 드
나들듯이 했다. 이곳은 전자제품이 면세여서 관련 상가들이 밀

집해 있다. 도시 전체가 거대한 용산전자상가 같았다. 거리는 사람과 오토바이로 혼잡했다. 스무 살에 노트북을 사기 위해 용산전자상가를 갔을 때의 주눅이 살아났다. 호갱이 되리란 직감이 들까. 마음 굳게 먹고 제일 번듯해 보이는 '테크노마트'에 들어갔다(테크노마트 형식의 건물이 정말 많다). 세계 여러 브랜드의 휴대폰을 지하 1층, 2층, 3층, 옆, 앞, 모두에서 팔고 있었다. 나는 가장 저렴한 스마트폰을 골랐다. 한국 브랜드지만 설마 한국어 설정이 없을까 봐 걱정됐다. 직원을 찾아다니며 한국어가 되냐고 물었는데 이 수만 가지 기계를 어떻게 다 아냐는, 심지어 한국어까지 알아야 하냐는 표정이었다. 결제 전에 전원을 켜서 확인할 수도 없었다. 포장을 뜯는 순간 환불 불가였다. 다행히 구입한 휴대폰에는 한국어 기능이 있었다. 하지만 잔뜩 깔려 있는 게임이 중고임을 말해 줬다. 용량도 8기가여서 애플리케이션을 하나 깔고 싶으면 다른 하나는 지워야 했다.

테크노마트에는 노트북 코너도 있었다. 마침 노트북도 고장 난 터라 고민됐다. 하지만 출국 직전에 노트북이 고장 나 인천공항 근처에서 급히 새 걸 구입한 슬픈 추억이 떠올라 사지 않았다. 한국에 보낼 원고가 있었지만 당분간은 빌려 쓰기로 했다. 다행히 후에 노트북은 습기가 덜한 지역에 가자 알아서 복구됐다.

쇼핑을 끝내고 한식당에 갔다. 파라과이는 남미 다른 지역의 한식당보다 저렴했고, 심지어 회사가 있던 강남구 백반보다도 저렴했다. 고민 끝에 비빔밥을 먹었으나 차라리 김치찌개를 시킬걸 후회했다. 비빔밥은 고추장만 사면 언제든 해 먹을 수 있으니까. 한식당에선 매우 진지해진다. 주인아주머니는 이곳에 몇 개의 한식당과 한인마트가 있었는데, 법을 어겨 폐업했다고 했다. 직접 만든 막걸리도 팔았는데 김치찌개의 아쉬움으로 뭘 더 시킬 기분은 아니었다.

파라과이는 브라질과 아르헨티나의 등쌀에 끼어 고생인데, 아마도 이러한 '면세 전자상가'는 생존법 중 하나였을 거다. 근처 지역뿐 아니라 다른 나라에서도 이곳에 전자제품을 사러 온다고 한다. 나는 포스두이구아수로 돌아가는 버스에서 새 휴대폰을 신나게 쓰다가 급히 창문을 닫았다. 주변에 오토바이가 많았기 때문이다. 여행자라는 이유로, 남미라는 이유로 타인을 잠재적 범죄자로 취급하는 것 같아 마음이 안 좋았지만, 그때 난 휴대폰도, 두 번째 노트북도, 보조배터리도 모두 고장 나거나 잃어버린 터였다.

이파네마에서 온
소녀

리우데자네이루

브라질

○

　브라질의 리우데자네이루(이하 리우)에는 게스트하우스가 많지만, 아파트도 많이 대여한다. 첫 번째 숙소는 코파카바나 해변이 코앞인 아파트였다. '혼자 살면 참 좋겠다' 싶은 작은 원룸형 아파트. 50퍼센트 세일가로 3박에 300헤알(약 10만 원)이니 괜찮은 가격이었다. 두 번째 숙소는 코파카바나에서 이파네마로 가는 길에 있는 방 세 개의 아파트였다. 나 말고 다른 숙박객도 있었다. 곳곳에 걸린 가족사진을 보아, 본래 가정집인데 대여하는 동안은 거처를 옮기는 듯했다. 주인아주머니는 선탠을 한 탄력 있는 몸매에 착 달라붙는 옷을 입었다. 브라질 사람들은 이 아주머니처럼 건강미가 넘쳤다. 남녀 모두 그러한 아름다움을 추구하는 듯했다. 헬스클럽도 많고, 심지어 이파네마 해안가에는 구간별로 운동기구가 있다. 세 번째 숙소는 게스트하우스로, 빅뱅 노래가 자주 나왔다. 젊은 직원은 내가 들어갈 때면 일부러 태양의 '눈, 코, 입'을 틀고 따라 불렀다. 로비는 맥주 마시며 썸 타는 여행자로 붐볐다. 방은 관광지인 만큼 3층 침대가 놓여 있었다. 3층이라니, 아찔하다. 아마 올림픽 기간에는 그마저도 없어 난리였을 거다.

리우에서 열흘간 머물며 매일 이파네마 해변을 산책했다. 'Girl from Ipanema'란 노래를 들은 뒤로 이곳을 사랑했기 때문이다. 정말 올 줄은 몰랐다. 여행은 인생의 꿈으로 확 데려가기도 한다. 인생의 이동은 어찌 보면 무척 쉽다. 저지름의 용기 한 움큼 정도. 주말의 해변은 사람들로 붐볐다. 하나같이 날씬하고, 뚱뚱해도 아름답고 건강해 보였다. 엉덩이가 훤히 드러난 수영복이 보기 좋았다. 이파네마 해변에서 시내 중심부까진 꽤 걸린다. 택시를 타고 셀라론 계단이나 국립 도서관 등을 돌았지만 역시나 해변에 머무는 편이 좋았다. 앱으로 'Girl from Ipanema'의 여러 버전을 계속 들었다. 훌륭한 노래다. 어떻게 변주하든 아름다우니 말이다.

두 번째 숙소인 아파트에서 만난 커플과 라이브 바에도 갔다. 남성은 러시아, 여성(캐롤리나)은 브라질 사람으로 장거리 연애 중이었다. 캐롤리나가 없었다면 범죄가 많이 일어난다는 라이브 바 밀집지역에 못 갔을 거다. 그곳에서 들은 삼바는 최고였다. 지금까지 듣던 삼바와는 다르게 소울 있고 멜로디도 다양했다. 여성 보컬은 풍채만큼 힘이 좋았다. 두 시간 내리 노래를 부르는데 성량이 떨어지지 않았다. 난 계속 칵테일을 시키며 노래에 흠뻑 빠졌고, 흥에 못 이겨 스테이지로 내려가 춤을 추었다. 캐롤리나는 휴대폰으로 '포호(Forro) 댄스'를 보여 주었다. 2배속 삼바 춤이랄까. 그녀는 물론 출 줄 알았다. 자신이 사는 브라질 북부 해변의 사진도 보여 주었다. 현대적인 건물이 휙휙 대차게 밀집하고, 그 앞에는 거짓말처럼 하얀 모래사장이 펼쳐졌다. 그녀는 "네가 북부에 놀러 온다면 좋을 텐데"라며 아쉬워했다. 나는 브라질 북부에서 사건사고가 많다는 얘기에 일정을 취소한 터였다. 북부든 어디든 위험한 곳과 아닌 곳이 섞이기 마련인데 말이다. 캐롤리나를 따라 떠날 걸 후회했다. 역시 해 보고 후회보다 안 해 보고 후회가 더 크다.

다음 날엔 예수상을 보러 갔다. 대기표를 나눠줄 만큼 사람이 바글바글했다. 산악열차를 타고 언덕을 한참 오르는데 이전에 들은 농담이 생각났다. 이 언덕을 열차 대신 걷거나 차로 올라가면 강도를 꼭 만난다는 거다. 강도에게 첫 번째 강도한테 이미 털렸다고 하면 "아, 그래?" 하고 넘어갈 정도라고. 과장이지만 어쨌든 도저히 걸을 엄두가 나지 않는 언덕이다. 언덕 위의 예수상은 거대했다. 밑에서 올려다보니 예수상이 조금씩 움직이는 듯했다. 그래서 아름답다고 하는 건가 싶었다. 내려오는 열차에선 잠들었다. 범죄가 많다는 시내에 나올 때마다 긴장해서일 거다(아, 그럼 잠들지 말아야 하는 건가?). 저녁에는 이파네마 해변에 있는 '킬로그램 뷔페' 식당에 갔다. 음식을 담은 접시의 무게만큼 돈을 낸다. 이런 식당이 유행인 듯 꽤 많았다. 뜨뜻미지근한 뷔페 음

식은 세계 공통으로 맛있기 힘든가 보다. 다음엔 브라질의 대표
음식인 슈하스쿠 전문점에 가고 싶었으나 결국 비싸서 가지 않
았다.

하루는 게스트하우스에서 진행하는 파벨라 투어에 다녀왔다. 파
벨라 투어는 산동네이자 빈민가를 돌아보는 것이다. 영화 〈시티
오브 갓〉의 배경이라고 했다. 가이드는 마을 주민에게 강박적으
로 인사했는데, 그 모습이 위험지역임을 말해 주고 있었다. 일행
들은 조금 긴장했다. 청소를 안 하는 듯 쓰레기가 가득하고 더럽
고 냄새나는 좁은 골목이 이어졌다. 점차 '아, 여기서 살면 쉽게
불행하겠다' 싶었다. 건방진 생각이다. 어느 집의 창문으로 실내
가 보였는데, 아이가 TV를 보고 있었다. 푹 빠져 있었다. 집 옆으
로 쓰레기가 흘러 다녔지만(그날은 비가 왔다) 아이의 방은 '내 방'
이다. 이전에 반지하에서 살 때 룸메이트는 창피하다며 주소에
지하라고 쓰지 않았다. 우편물은 지하 1층이 아니라 1층으로 배
달됐고, 친구는 상관하지 않았다. 한번은 소개팅한 남자가 집에
바래다주며 "다세대네요"라고 하자 창피해했다. 그놈이 창피해
해야 하는데. 집과 동네가 별건가. 그 아이의 방처럼 집안에 나
만의 우주를 만들면 되지 않을까. 그래도 기왕이면 깨끗한 집이
좋겠지만.

이 마을의 월세는 조그만 집이 200헤알(약 7만 2천 원), 우리가 방문한 예술가의 작업실이 700헤알(약 25만 원) 정도라고 했다. 지상 3층의 약 30평 정도 되는 작업실이었다. 그 예술가와 가이드는 친구인 듯했다. 그림 구경을 한참 해야 했고, 무언가 사지 않으면 어색해지는 분위기였다. 나는 마음에서 우러나와 파벨라 마을을 그린 그림 한 점을 샀다. 그림을 사니 작가가 함께 사진을 찍어 주었다. 나중에 어느 어린이집 옥상에 올라가서 마을 전체를 내려다봤는데, 그 그림과 비슷했다. 알록달록, 멀리서 보니 아름다워진다. 그 어린이집은 고아와 일하는 부모들이 맡긴 아이들이 머물렀다. 내려가는 길에 헌금 상자가 있어 옥상 이용료 겸 얼마를 냈다. 중간에 빵집에 들러 맛없는 튀긴 치즈와 과라나 주스를 샀고, 중간에 액세서리 상인들이 기다리고 있어 꼬아 만든 실 팔찌를 두 개 샀다. 양동이와 고철 등으로 연주한 아이들에게도 팁을 주었다. 인출한 200헤알을 다 썼다. 그만큼 팁 줄 일이 많았다. 가이드는 지역 발전에 기부한 거라 했다. 나 역시 팔찌가 예쁘고, 공연도 훌륭하여 전혀 아깝지 않았다.

시간이 갈수록 비는 거세져 마을의 전염병에 대한 이야기가 나왔다. 황열병, 지카바이러스 등이 자주 돈다고 하였다. 습한 날씨와 더러운 환경 때문이다. 폐쇄된 호스텔도 있었는데, 아무도 이렇게 무서운 곳에 머물고 싶지 않아서라고 했다. "페루, 볼리비아 등에서 생산된 마약이 이곳에서 '믹스'되어 유통됐죠. 솔직히 지금도요." 나라에서 이곳에 승강기를 설치한 적 있는데 이용객이 적어 허물었다고 한다. "정말 이 마을에 뭐가 필요한지 모른다니까요." 가이드가 푸념했다. 승강기보단 전염병을 막는 환경 미화가 우선인 듯싶은데, 사실 알 수 없다. 여전히 마약을 만드는지, 뒷골목에서 어떤 일이 벌어지는지 관광객은 알 수 없으니까.

다음 날 파나마행 비행기를 타야 했다. 비가 내렸다. 우산을 꺼내기 귀찮아 배낭을 메고 비를 맞으며 공항버스정류장으로 걸어갔다. 저 멀리 파라솔만 한 우산이 보였다. 젊은 여자가 명품 가방을 들고 걸었고, 마르고 까만 남자가 우산을 받치고 있었다. 파라솔은 크지만 남자는 그 아래 들어가지 않고 팔만 뻗쳤다. 역시 이번에도 이곳을 다 보지 못하고 떠난다는 생각이 들었다.

보고 싶은 대로 보는
여행

키토

에콰도르

○

브라질 리우에서 눈물을 머금고 편도 60만 원짜리 비행기를 타서 키토에 도착했다. '경유까지 했는데 뭐 이리 비싸'라고 생각했는데, 리우에서 파나마시티까지 일곱 시간, 파나마에서 키토까지 두 시간 걸리니 세상에, 저렴한 편이다. 공항에서 시내 숙소까지는 자동차로 40분가량 걸린다. 버스비는 2달러지만 밤에 도착해 막차가 끊겼다. 택시를 합승하려고 배낭 멘 여행자를 탐색하는데, 다들 짝을 지어 나왔다. 발 빠르게 '택시 팀'을 이룬 모양이었다. 우왕좌왕하다 밤 12시를 달려가면서 공항이 점점 한산해졌다. 비싸더라도 혼자 택시를 타려고 밖으로 나왔다. 택시가 없었다. 좀 무서워져 아무나 붙잡고 "같이 택시 찾을래요?"라고 물었다. 평소라면 밤에 말 걸지 않았을 건장한 30대 남성이었다. 그는 자신을 마중 나올 차가 있다면서 잠시 기다리라고 했다. 하얀 수염이 덥수룩한 할아버지가 차에서 내려 좀 안심했다. 남자는 에콰도르인으로 미국 휴스턴에 살고 있으며, 할아버지는 그의 '엑스 장인'이었다. 이혼한 아내의 아버지. "아내는 만나지 않아도 우리는 여전히 친구야"라고 했다. 그는 에콰도르 태생이지만 키토는 처음이라, 같이 관광을 한 후에 등반을 갈 거라고 했다.

공항에서 시내로 들어올수록 귀가 먹먹해졌다. 키토가 해발

2,350미터에 위치하기 때문이다. 페루와 볼리비아에서 고산을 지겹도록 겪었지만, 아르헨티나, 브라질 등을 거치면서 잊고 있던 고산 증세가 갑자기 나타나 조금 당황했다. 가로등이 많지 않은 시내는 어두웠고 숙소를 찾기 위해 빙글빙글 돌았다. 내가 시내 아무 데나 내려 줘도 된다고 마음에도 없는 소리를 했지만 그들은 끝까지 찾아주었다. 위험하기도 하지만 이 언덕을 배낭 메고 오르내릴 뻔했으니 정말 다행이었다. 키토의 구시가지는 몇 개의 광장을 중심으로 크고 작은 오르막과 내리막으로 구성되어 있다. 20분쯤 돌았을까, 'Hola(안녕)'라고 쓰인 손바닥만 한 숙소 간판을 찾아냈다. 엑스 사위와 엑스 장인은 날 내려 주고 가볍게 인사한 뒤 떠났다. 주머니에 택시비 20달러를 드릴까 했지만 호의를 다치게 할까 봐 만지작거렸다. 좀 더 격하게 고마움을 표현하지 못해 아쉬웠다.

나와 거의 동시에 다른 배낭여행객이 숙소로 들어왔다. 미국 대학생인데 에콰도르의 열대 밀림인 테나에 6개월간 봉사활동을 왔단다. 그런 경험을 한 번도 해 본 적 없는 나 자신에게 섭섭했다. 대학생 때 술만 마시고 연애와 아르바이트만 했다. 그도 나쁘진 않지만 1년쯤은 아예 다른 짓을 해 봤음 어땠을까. 솔직히 장기 해외 봉사활동은 지금이라도 떠날 수 있지만 가지 않으니,

정작 마음이 없는 게 아닐까.

한밤이라 숙소의 직원은 '하, 너희 같은 여행자들…'이란 표정으로 우릴 맞이했고 세수도 못한 채 잠들었다. 일어나 보니 8인실로, 내가 누운 2층 침대의 2층에는 덩치 큰 성인 남성이 잠들어 있었다. 그가 움직일 때마다 침대가 삐걱거려 무너질까 두려웠다. 방은 좁아도 거실은 큰 것이 게스트하우스의 트렌드 혹은 본성이랄까. 이곳은 10인용 테이블이 두 개나 마련된 거실 겸 주방, 해먹과 테이블이 놓인 테라스 등을 갖추고 있었다. 여행자들은 테라스의 해먹에서 대마초를 나눠 피웠다. 아침은 팬케이크와 오트밀, 요구르트 등 메뉴가 꽤 먹음직했는데, 키토의 아침식사가 보통 2달러 정도임을 감안할 때, 4달러는 비싸게 느껴져 거의 해 먹었다(에콰도르는 2000년부터 미국 달러를 공용통화로 사용한다). 오이를 고추장에 찍어 먹다 한국인 언니도 만났다. 딱 봐도 장기 여행자다. 배낭이 5킬로그램이니 태블릿PC 1.5킬로그램을 빼면 나머지는 헝겊 조각이나 들고 다니는 듯했다. 내 배낭 두 개는 여전히 20킬로그램이 넘는데. 언니는 "한국에 간 지 오래됐네"라면서 일본이나 하와이에서 오래 산 경험을 얘기했다. 고추장을 너무 오랜만에 먹는다며 맥주를 사 주고 커피도 타 주었다. 에콰도르 역시 콜롬비아만큼 원두가 싸고 맛있다. 커피메이커가 없으니 끓는 물에 원두를 넣고 5분 정도 원두가 가라앉길 기다렸다가 컵에 따랐다. 한국에서도 프렌치프레스가 깨졌을 때 한동안 이렇게 커피를 마셨었다. 꼭 필요할 것 같은 물건이지만 막상 없어도 산다. 언니는 시티 투어 버스도 타지 않고, 유명한 마리아상이나 바실리카 대성당, 하다못해 적도 박물관도 가지 않았다. 한 지역에서 몇 달은 머문다니 한참 후에는 갔을 수도 있지만, 내가 본 언니는 하루 종일 게스트하우스에 누워 담배를 피우거나 잠을 잤고, 가끔 슈퍼에 나가 야채와 커피를 사 왔다. 언니는 지금 어디에 있을까. 언니와 나의 여행 의도는 분명히 달랐다. 그 다른 의도가 짐작이 안 가 한 번쯤 묻고 싶었는데, 비슷한 질문을 얼마나 많이 받았을까 싶어 관두었다.

니는 의무감에라도 키토를 자주 거닐었다. 역시나 물가가 무척 저렴했다. 노점에서 파는 신선한 소곱창을 양껏 먹고 2달러를 냈다. 돈 좀 쓰자는 마음으로 맛있다는 중식당을 찾아 샌프란시스코 광장에 갔지만 세 번 연속 문이 잠겨 있었다. 시티 투어 버스도 좋았다. 키토는 유럽의 오래된 도시나 페루의 쿠스코와는 또 다른 매력을 지닌 올드시티다. 구시가지는 유네스코 문화유산으로 지정되었고 누군가는 10대 문화유산이라고 할 만큼 아름다웠다. 시티 투어 버스는 도중에 내리면 한 시간 뒤에 오는 다음 편을 탈 수 있다. 언덕 위의 천사상은 멀리서도 아름다웠기에 자세히 보려고 내렸다. 엘 파네시요 언덕에 자리한, 청동과 알루미늄 7,000조각으로 만든 마리아상이다. 키토의 성녀로 불리지만, 모습이 천사 같아 내 마음대로 천사상이라 불렀다. 약간 등을 굽힌 자세는 마을을 굽어보며 축복을 내리는 것 같았다. 마을 전체가 보호받고 그 안의 나도 안전하단 기분이 들 정도였다. 잘 만든 예술품은 공간 전체의 분위기를 살리는구나.

하루는 적도 박물관에 갔다. 에콰도르(Ecuador)란 이름은 적도(Equator)에서 왔다. 키토의 적도 박물관은 지구의 중심인 위도 0도, 즉 적도에 딱 위치해서 신기한 관경을 볼 수 있다. 계란이 서고, 세면대 배수구로 빨려 들어가는 물은 회오리가 아니라 직

선이다(무슨 말인지 모르겠다면 세면대에 물을 세차게 한 바가지 부어 보자).
적도 박물관은 두 곳인데, 내가 간 곳은 'Mitad del Mundo'라
는 으리으리한 건물이 아니라 시골 외갓집 같은 'Intinan Solar
Museum'이다. 이곳이 적도에 더 가깝다. 박물관은 적도를 따
라 선을 그어 놓았다. 지구의 중심선에서 각양각색의 포즈로 사
진을 찍는 것이 관광의 하이라이트다. 창의적인 포즈는 현관에
전시됐는데 그보다 더한 아이디어가 없어 그냥 적도에 엉덩이
를 대고 다소곳이 앉았다.

적도 하면 무척 더운 아열대기후를 생각했는데, 오래 걸어서 땀
이 났을 뿐이지 해발고도가 높고 안데스산맥의 영향으로 기후
가 온화하다. 도시도 아름답고 사람들도 순하고(어딜 가나 사람 성격
질량보존의 법칙은 있지만, 전반적으로 따뜻하다), 차비와 아침식사도 저
렴하니 살기 괜찮네 싶었는데, 알고 보니 교통정체가 심하다고
한다. 키토 주민의 인터뷰를 찾아보면 하나같이 이를 단점으로
꼽는다. 여행자는 출퇴근 시간에 교통체증을 겪을 일이 없어 몰
랐지만. 그러고 보면 여행이란 아름다운 면만 볼 수 있는 특권이
있다. 후에 에콰도르인들이 나오는 프로그램을 몇 개 챙겨 봤다.
강예원 주연의 영화 〈엘 꼰도르 빠사〉에서 에콰도르 밴드로 나
왔던 남성은 한국에서 실제로 에콰도르 전통공연을 하고 있었

다. 공연 수입으로 아들 키우며 살기가 쉽지 않아 보였다. 키토 여성과 결혼한 한국인 남성도 나왔다. 키토에서 한류 카페를 운영했다고 한다. TV에 나온 그들의 카페는 구시가지에서는 전혀 보지 못한 현대식 인테리어였다. 아마도 신시가지인 듯했다. 그러고 보면 여행은 또한 내가 보고 싶은 것만 본다.

서핑이 끝나면
해먹에 누워

몬타니타

에콰도르

서핑이 끝나면
해먹에 누워

○

에콰도르의 수도인 키토에서 남부 도시인 과야킬까지 여덟 시간 버스를 타고 내려갔다. 많은 이들이 과야킬에서 비행기를 타고 그 유명한 갈라파고스로 떠나곤 한다. 나도 한국에서 여행 계획을 짤 때 갈라파고스에 별표를 쳤다. 세계의 마지막 남은 동식물의 보고! 틸다 스윈튼이 설명하는 BBC 다큐멘터리를 본 후 갈라파고스에 매료되었다. 하지만 여행이 4개월에 접어들자 몸과 마음이 지쳤다. 잠을 푹 자고, 끼니를 잘 챙겨 먹어도 이상하게 피곤이 풀리지 않았다. 여행 경비도 예산을 넘어 버렸다. 브라질 리우에서 에콰도르의 키토로 넘어오는데 항공권만 60여만 원이 들었고, 브라질의 이구아수 폭포에서 아르헨티나의 부에노스아이레스로 가는 비행기 예약이 잘못되어 동행의 항공권까지 날린 터였다. 아, 내 돈! 지금 생각하면 갈라파고스에 무작정 갈 걸 싶지만 당시에는 돈도 마음도 몸도 쉬고 싶었다. 그러던 중 몬타니타에 대해 듣게 되었다. 몰랐던 여행지를 발견해 현지에서 경로를 바꾸는 것도 꽤 재미나다. 그렇게 과야킬에서 비행기가 아닌 버스를 타고 몬타니타로 향했다. 서퍼들의 천국으로!

몬타니타는 서퍼들이 모이는 에콰도르의 바다 마을이다. 여름이 지난 당시는 비수기인 터라 소문만큼 서퍼와 음주가무가 성행

하진 않았다. 배낭을 메고 모래사장을 따라 미리 예약한 숙소를 향해 걸었다. 슬리퍼는 모래 늪에 빠졌지만 벗자니 발바닥이 뜨거웠다. 땀이 주룩주룩 몸을 적시던 중 해변 끝에 숙소가 나타났다. 부킹닷컴에서 봤을 때는 수영장이 딸린 리조트였는데, 실제로는 욕탕이 딸린 조그만 집이었다. 가격이 가격인지라 이 정도면 훌륭했다. 그동안 전전하던 게스트하우스를 생각하라! 집주인은 영어를 전혀 못하는 할아버지셨다. '어떻게 부킹닷컴에 등록하셨지?' 싶었는데 아마도 아는 젊은이가 대신 등록해 준 것 같았다. 할아버지와 몸짓과 발짓을 나누던 중 내 발가락을 보니 피부가 크게 벗겨져 있었다. 각질 제거는 안 해도 되는 거였다. 각질이 모이고 모여 무거워지면 떨어지는 것을!

침대가 있는 조그만 방에 짐을 풀었다. 오후에는 현지인으로 보이는 커플이 왔으나, 하루만 묵고 떠나 버렸다. 그들은 예약 사이트에서 본 리조트를 기대한 모양이다. 지금도 그곳의 노부부가 그립다. 볼록한 배가 드러난 러닝을 입고 조용히 청소하시는 할아버지, 떠나는 날 일부러 두고 온 침낭을(이제 따뜻한 나라만 남은 터라 버렸다) 버스정류장까지 들고 뛰어오신 할머니. 숙박 중에 일절 간섭하시는 법이 없었다. 이것이 여행자에게 얼마나 고마운 일인지. 그곳에서 참으로 늘어지게 잤고, 야외에 설치된 부엌에서 요리를 해 먹으며 맥주를 마시고, 해먹에 누워 시간을 보냈다. 막스라는 강아지는 좀 말썽쟁이였다. 나뭇가지에 널어 둔 빨래를 찢고 가끔씩 흥분해 내가 테이블 위로 피신했다. 이젠 막스마저 그립다.

서핑은? 했다. 몬타니타에는 서핑을 하러 왔으니까! 한국에서도 서핑이 유행이지만 한 번도 해 보지 못했다. 양양이 유명한데 힙스터들 기에 눌려 엄두를 못 냈다. 여행에선 못 해 본 일을 해 볼 수 있다. 이번 여행 중에 기타를 치고 캠핑을 하고 서핑도 했다. 해변 곳곳에는 서핑보드를 대여하는 젊은이들이 천막을 치고 있었다. 그리 비싸지 않았지만 문제는 파도였다. 초보에게는 너무 셌다. 서핑을 가르쳐 주는 부산 출신 동행은 "파도가 더럽다"라며 애써 위로했다. 우연히 서핑보드에 몸을 세워 5~6미터 파도를 탔을 때는(탔다기보단 밀려났지만) 와, 이래서 서핑을 하나 보다 싶었다. 그 기분을 다시 느끼려 했지만 파도한테 된통 혼나고 내쳐졌을 뿐이다. 다른 서퍼들도 별반 다르지 않아 보였다. 아마도 전문 서퍼들은 성수기를 끝내고 떠난 모양이었다. 그때 현지인들이 서핑보드를 들고 나타났다. 현지인의 솜씨는 달랐지만 영화처럼 드라마틱한 움직임은 없었다. 동행의 말처럼 파도가 성나 있는 시즌이어서 웬만해선 별 수 없었나 보다.

해변가에 서핑보드를 눕히고 그 위에 앉아 바다로 지는 노을을 바라봤다. 모래에 꽂아 놓은 맥주를 뽑아 들이키며 행복이란, 휴식이란, 삶이란 이런 거구나, 이렇게 살아야지 싶었다. 아름다운 감정이다. 동행과 나는 부산에서 다시 서핑을 타기로 했지만 약속은 지켜지지 않았다. 그때 '그렇게 살아야겠다'란 다짐도 지켜지지 않았다. 그래도 가끔 부산 동행과 통화하면 이런 얘기를 나눈다. "나중에 늙어서 몬타니타의 노부부처럼 살 거야. 배가 나와도 상관 않고 집을 고치면서 느긋하게 말이지." "나도 언젠가 정원을 갖게 되면 몬타니타의 그 리조트(!)처럼 야외 부엌을 지을 거야. 슬레이트 아래 조그만 싱크대와 동그란 탁자를 둬야지. 아이들은 대야에서 물놀이를 하고 친구들을 위해 시원한 맥주를 따르고 고기 몇 점을 구워 낼 거다. 기둥에는 해먹을 달아서 낮잠도 잘 거야."

에콰도르인의
주말

바뇨스

에콰도르

○

바뇨스는 온천 때문에라도 에콰도르인이 즐겨 찾는 주말 휴양지다. 나는 오로지 '세상 끝 그네'를 타기 위해 바뇨스에 갔다. 이는 절벽에서 타는 아찔한 그네다. 동네에서 산꼭대기의 그네까지 버스가 운행한다. 첫날 찾아간 세상 끝 그네는 안개가 짙어 절벽에서 타는지 동네 놀이터에서 타는지 알 수 없을 정도였다. 에콰도르인으로 보이는 단체관광객은 그네를 타려고 한참 줄을 서는 내내 "까르르" 웃었다. 주말 나들이에 한껏 들떠 보였다. 매번 느끼지만 에콰도르인들은 착하고 잘 웃고 기분 좋은 에너지를 지녔다. 그들은 안개로 풍경이 잘 안 보여도 행복해했고, 아마 저녁엔 바뇨스의 온천으로 달려갔을 것이다.

저녁에 간 온천은 사람이 무척 많았다. 탕에는 물 반, 사람 반이 아니라 물 지분이 10퍼센트도 안 됐다. 결국 온천을 포기했다. 주말이 지난 바뇨스의 월요일은 한껏 조용해졌다. 그날 다시 찾은 '세상 끝 그네'는 날씨가 맑아 절벽에서 타는 기분을 낼 수 있었다. 고소공포증이 있어서 걱정했는데 사람이 튕겨 나가지 않게 그네에 가로로 줄을 달았다. 타면서 보니 떨어져도 어디 언덕 위에 안착할 위치였다. 사진을 찍을 때 깎아지른 절벽에서 타는 듯한 각도를 찾으려고 애썼다.

바뇨스의 근교를 둘러보는 1일 투어도 예약했다. 짐칸에 벤치를 여러 개 놓은 개조 트럭을 타고 여기저기를 다녔다. 비가 올 듯 말 듯해 습기가 꽉 차고, 그 무게를 견디지 못해 몇 방울을 흩뿌리는 날이었다. 1분 정도 절벽과 절벽을 오가는 케이블카를 타긴 했지만 어딜 가나 비슷한 들과 산 풍경에 이내 흥미를 잃었다. 이 심심한 코스들은 디아블로 폭포를 보기 위한 여정이었다. 바뇨스에는 디아블로 폭포가 유명하다. 개인적으로 이구아수 폭포의 장엄함보다 위에서 아래로 한줄기 세차게 내리꽂는 디아블로 폭포에 매료되었다. 세차서 곁에 가기도 전에 온몸이 젖었다. 폭포로 가는 흔들다리도 젖어 쉽게 미끄러졌다. 기다시피 걷는 나를 놀리고 가는 여행자에게 욕을 하기도 했다.

하루는 래프팅을 하러 갔다. 여행 중 두 번째 래프팅이었는데, 첫 번째가 심심해서 이번에도 큰 기대를 하지 않았다. 하지만 세상에! 마추픽추 가는 길에 봤던 흙탕물이 휘몰아치는 강을 또 만난 것 같았다. 떨어지면 좋은 추억이었다고 웃을 수 없는 물살. 배에 탄 지 5분 만에 떨어졌다. 순식간에 몸이 떠내려갔고, 잠수를 반복해 '물에 빠져 죽기 전에 숨차서 죽겠네' 싶었다. 후에 사람들은 "숨차서 죽기 전에 바위에 부딪칠 줄 알았다"라고 했다. 지나가던 다른 보트가 나를 꺼내 주었다. 물살이 잠잠한 구간에선 무지개의 처음과 끝을 보았다. 보통 무지개가 떠도 한쪽은 저 멀리 하늘 어딘가로 사라지는데, 어릴 적에 그린 그림처럼 원반 모양의 무지개가 쌍으로 떠 있지 않은가. 여행은 유년의 그림을 현실로 떡 하니 보여 주기도 한다.

다음 날엔 몸을 풀러 시설이 좋아 보이는 온천을 찾아갔다. 설마 평일에는 물 지분이 50퍼센트는 되겠지 하면서. 그런데 거긴 온천이 아니라 수영장이었다. 여행지에서 동네 수영장에 오는 것도 나쁘지 않았다. 다행히 몸을 씻는 곳에 탕이 마련되어 있었다. 바뇨스에 살면서 이곳의 한 달 이용권을 끊어 수영을 하고 뜨끈한 탕에서 몸을 담그고, 관광객은 모르는 어디 좋은 곳에서 쉬는 나를 상상해 보았다.

아마존이
이런 데일까

쿠야베노

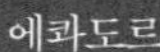

에콰도르

○

　남미에서 아마존은 꼭 가고 싶었다. '남미' 하면 아마존이니까, 라고 생각했다(아, 남미가 얼마나 큰데). 아마존은 브라질에만 있는 줄 알았다(아, 정말 남미에 대해 아무것도 몰랐다). 아마존은 남미의 여러 나라를 관통하는 거대한 강이고, 그래서 페루, 볼리비아, 브라질, 에콰도르, 콜롬비아 등 남미의 나라마다 아마존을 갖고 있다. 브라질의 북부인 벨렝에서 아마존을 따라 일주일간 배를 타고 마나우스란 도시까지 가는 투어를 하려고 했으나, 에콰도르의 쿠야베노 아마존을 가기로 하였다. 당시 북부 브라질은 꼬마에게 속아 입에 담지 못할 사고를 당한 여행객의 소식과 더불어 다들 위험하다고 말렸기 때문이다. 몇 달간 사고 없이 여행한 탓에 행운의 끝을 그곳에서 볼까 봐 불안했다.

쿠야베노는 한국에선 몰랐던 지역으로, 에콰도르의 바뇨스에서 들른 여행사를 통해 알게 됐다. 쿠야베노의 아마존 투어는 4박5일, 숙식 제공에 60달러로 버스비는 별도였다. 그리 비싸지 않아 바로 예약했고, 다음 날 밤에 여행사 주인의 친구인 듯한 주부가 승용차로 데리러 왔다. 주부인지 어떻게 알았냐면 중간에 딸을 픽업해 집에 내려 줬기 때문이다. 차로 한 시간 거리의 암바토를 가는 데 10달러니(나와 동행이 탔으니 총 20달러) 에콰도르 물가로 치면 괜찮은 알바다. 어떤 날은 4인을 꼭 채워서 갈 테고, 에콰도르는 기름값이 저렴하기 때문이다(덕분에 시외버스비도 한 시간 거리당 1천 원꼴이다). 암바토에 도착한 뒤 라고아그리오로 가는 버스를 탔다. 버스는 여덟 시간 동안 지독하게 구불거리는 산길을 따라갔다. 이런 운행에 익숙해졌을 법한데 그날따라 필 수 없는 다리가 쑤셔 고통이었다. 여덟 시간 동안 탈출구가 없기에(한밤의 산속에서 내릴 수 있겠는가?) 지나치게 괴로웠다. 벗어날 수 있지만 참아보는 고통과는 다르다.

다음 날 아침에 라고아그리오에 도착했고, 혹시 사기를 맞을까 봐 조마조마하며 현지 여행사 직원을 기다렸다. 나와 비슷한 심정의 배낭여행자들이 서성였는데, 모두가 떠난 뒤에야 오토바이를 탄 할아버지가 나타났다. 그를 따라 시내의 여행사로 다시 이동했고, 또 차를 기다리며 슈퍼에서 술을 잔뜩 샀다. 차를 타고 한 시간 즈음 지나 보트로 갈아타고 두 시간 동안 달려 아마존에 들어갔다. 헉헉, 멀다 멀어.

예능프로그램 〈정글의 법칙〉에서 보던 대로 강을 따라 풀과 나무가 미친 듯이 우거져 있었다. '미친 듯이'라는 표현이 그들에게 미안하지만 그만큼 빽빽했다. "제지하지 않을 테니 마음껏 살아라" 하고 내준 땅에 몰려들어 양껏 생명력을 뿜어내는 풍경. '아,

역시 아마존은 다르네, 좀 무섭네' 싶었다. 게다가 강물은 짙은
녹색이거나, '블랙 리버'라고 불릴 만큼 검어 한 치 앞도 보이지
않았다. 피라냐 낚시를 다녀온 후엔 더 무서웠다. 고온다습한 기
후에 살면서 수영을 맘껏 할 수 없으면 좀 섭섭할 거 같았다. 아
마존에 살지도 않을 거면서 쓸데없는 생각이다. 게다가 수영을
할 수 있는 구간이 있다. 당연히 거기엔 피라냐가 없다.

숙소는 수풀로 둘러싸인 강가의 로지였다. 보통 아마존의 숙소
는 로지라 부른다. 땅 위에 바로 짓지 않고 1미터가량 위에 지었
다. 그러지 않으면 땅에서 올라오는 벌레들로 잘 수 없을 거다.
가장 큰 로지는 거실 겸 주방이었다. 소파와 8인용 식탁, 싱크대

가 있다. 나머지는 침실로 쓰이는 로지로 침대와 모기장, 물이 내려가다 안 내려가는 화장실이 있다. 지붕은 초가집처럼 밀짚을 엮어 만들었는데, 매일 내리는 폭우로 물이 샜다. 침대의 젖지 않은 부분을 찾아 새우잠을 잤다. 밤 8시면 전기가 끊겼다. 당연히 주변 불빛도 없었다. 그전에 충전해 둔 노트북으로 드라마 몇 편을 보다 잠들었다. 식사는 무척 훌륭했다. 따뜻한 수프, 빵, 닭 가슴살 요리 등이 나왔다. 식사 중엔 시내에서 사온 맥주와 와인을 나눠 먹었다. 특히 가이드 할아버지가 즐거워하였다. 할아버지는 영어를 전혀 못해 스페인어로 설명했다. 여행사에서 예약할 땐 영어 가이드라고 했지만 스페인어를 못하는 내 잘못이지. 대화는 대충 눈치로 가능했다. "밀림에서 길을 잃으면 나무를 쓰러트려 소리를 내라, 상대도 나무를 쓰러트려 위치를 알려 준다"라는 얘기도 알아들었으니까. 장화를 신고 우비를 입고 밀림을 탐험하는 중엔 깨알 같은 생존법을 알려 줬다. 개미집의 개미들을 팔에 짓눌러서 크림처럼 바르면 그 냄새가 모기는 물론 재규어도 쫓는다고 했다.

아마존에서의 일정은 밀림에 가거나 보트를 타고 야생동물을 찾아다니는 일뿐이다. 첫날에는 헤엄치는 나무늘보를 보았다. 거북인 줄 알았을 만큼 빨리 헤엄을 쳤다. 내가 놀라자 할아버지는 나무늘보를 추격해 잡았다. 동물원에서 웅크린 나무늘보만 봐서 할아버지가 들어 올린 모습은 생경했다. 팔이 몸만큼 길고 털이 무척 뻣뻣하고 거칠었다. 보트에 탄 사람들은 귀여워 어쩔 줄을 몰랐다. 할아버지도 헤엄치는 나무늘보는 처음 봤다니(이건 또 어떻게 알아들었을까) 첫날부터 아마존의 동물 찾기는 성공한 셈이었다. 보아 뱀도 보았다. 생각보다 작았는데, 아마도 필리핀에서 박제된 대형 구렁이를 봤었기 때문일 거다. 밤에도 야생동물 탐험은 계속되었다. 악어가 숙소 앞에 있었다. 강제 소등된 아마존에 플래시만으로 악어를 비췄다. 우리의 보트는 보트라기보단 나룻배여서 수면과 가깝고, 악어가 2미터 정도 거리에 있어 진심 무서웠다. 게다가 야밤에 자기 얼굴을 비추는 플래시

가 분명 좋지는 않았을 거다. 밤중에 아마존을 나룻배에 의지해 가다 보면 뭐든 크게 느껴진다. 빌딩 10층 높이의 나무 꼭대기에서 우는 원숭이 소리, 돌고래가 풍덩 빠지는 소리, 새들의 푸드덕하는 날개 소리, 먼지 같은 불빛들(아마도 빛을 내는 작은 벌레일 거다), 수풀 냄새.

로지는 꽤 낡아서 급기야 사고가 났다. 썩은 나무 계단이 부서져 일행이 넘어졌다. 뒤통수가 찢어졌다. 이런 표현은 좀 그렇지만 빨간 입술이 말을 하는 것처럼 길게 벌어졌다. 로지의 젊은 직원인 치바는 놀라며 둘 중에 하나를 선택하라고 했다. "커뮤니티에 가서 치료를 할까, 두 시간 동안 배를 타고 나가서 병원에 갈까." "커뮤니티가 뭐야?" "마을 사람들이 모여 있는 마을이야." 우린 고민하다 병원에 가기로 하였다. 다음 날 커뮤니티에 놀러 가서는 좀 놀랐다. 집 몇 채의 황량한 마을이었다. 관광객이 할퀴고 간 황량함마저 느꼈다. 하지만 치바가 말했듯이 마을엔 꽤 훌륭한 치료사가 있을 수도. 우리가 간 병원은 보트와 버스를 갈아타고 세 시간 정도 걸렸다. 수술실 하나가 있는, 조그맣지만 깔끔하고 하얀 건물이었다. 실로 꿰매는데 지켜보겠냐고 물었다. 치료 중에 큰일이라도 생기면 어쩌나 하는 마음에 그러겠다고 했다. 뜨끈하고 끈적한 공기와 피를 뿜는 뒤통수의 상처, 이를 아무릉지 않게 바느질하는 손놀림 때문에 어지러웠다. 머리가 쑤시고 헛구역질까지 나왔지만 진료실을 나갈 순 없었다. 큰일이 생기면 내가 증인이라는 의무감이었다. 훗날 연락해 보니 상처는 잘 아물었다고 한다. 진료비는 30달러 정도였고, 항생제로 보이는 약은 11달러에 구입했다.

병원에서 돌아오는 길에 그제야 주변을 보았는데 가이드의 부인이 아기를 안고 동승해 있었다. 20대나 됐을까, 여인은 허리까지 탐스럽게 기른 검은 생머리를 단정하게 묶고, 깨끗한 민트색 옷을 입고 있었다. 아무래도 로지에 있다 나들이 겸 동승한 듯 보였다. 진료가 끝나고 곧장 돌아가는데 좀 섭섭하지 않을까 싶었다. 이렇게 외출 준비를 하고 나왔는데 말이다. 아마존에 산다는 건 어떤 걸까. 무거운 공기는 익숙해졌을 테고 가끔 보트를 얻어 타고 시내에도 나가겠지. 궁금했지만 그 후로 한 번도 보지 못했다. 아마 그녀는 이런 관광객들에게 신물 났는지도 모르겠다. 로지에 돌아오자 대마초로 만든 과자가 있었다. 코와 귀에 피어싱을 한 미국 여성이 직접 만든 과자였다. "고통을 줄여 줄 거야." 그녀는 아마존 투어가 끝나면 캘리포니아로 돌아갈 예정이라고 했다. 이 젊고 마음씨 착한 여성의 미국 생활이 궁금해졌다. 고향의 따뜻한 햇살 아래 일광욕을 하고, 더러운 세상에 화

도 내고, 사랑도 하겠지. 어쩌면 공부를 잘해 명문대를 졸업하고
월가를 다닐 수도 있겠지. 스친 인연들이 각자의 삶을 살아가는
게 좀 신기해졌다.

그곳에서 만난 프랑스 커플과는 페이스북 주소를 나눴다. 후에
그들의 페이스북에는 남미를 거쳐 베트남, 인도네시아를 여행하
는 사진이 떴다. 술 취한 어느 밤 "꼭 한국에 와. 내가 가이드해
줄게"라고 댓글을 남겼는데, 대답 없이 '좋아요'만 눌려 있었다.
어쩌면 여행 중의 만남은 페이스북 따위 교환하지 말고 '어딘가
각자의 삶을 살겠지'라고 여기는 게 좋지 않을까. 치바도 페이스
북을 했다. 그에게 손전등을 선물하자 "아미고(친구)"라며 진심
으로 좋아했던 미소가 페이스북에도 자주 올라왔다. 여전히 야
생동물을 찾아다녔고, 발견한 동물 사진을 올리기도 했다. 아마
존에서 만난 현지인을 페이스북으로도 보니 조금 섭섭해졌다.
그들이 야생에 머물기만을 바라는 건가. 정말 이기적이다.

춤추는
욕망

아바나

쿠바

춤추는
욕망

○

　"쿠바는 어디를 가든 음악이 들린다." 이 말을 듣는 순간부터 쿠바를 사랑했다. 특히 아바나. 애니메이션 〈치코와 리타〉에서 연인들이 농밀한 사랑을 나누던 올드시티. 취업 면접 때문에 귀국을 앞당기지 않았다면 몇 달이고 머물렀을 것이다. 그렇다고 천국은 아니다. 꾹꾹 눌러 삼킨 욕망이, 시대의 변화 아래 삐져나오면서 언제 끓어넘쳐 터질지 모르는 곳. 모든 수분을 바싹 말려 쪼그라들게 만드는 태양, 노랗게 충혈된 커다란 눈의 쿠바인, 재즈, 살사, 미래가 어떨지 짐작할 수 없는 재능 있는 뮤지션들, 아이스크림 가게에 늘어선 줄, 바다 아래 버려진 럼들, 밤에는 자전거 택시를 모는 초등학교 선생님, 싸구려 피자와 발레….

첫날, 시내 중심가인 카피톨리오(미국 국회의사당 건물과 비슷하다) 옆에 자리한 호아키나 할머니의 집으로 갔다. 쿠바에서는 정부가 지정한 집(카사라고 부른다)만이 숙박업을 할 수 있다. 외국인을 상대로 돈을 버는 이들은 쿠바에서도 부유층이다. 호아키나 카사는 한국과 일본인이 주를 이뤘다. 다른 숙소에 묵는 한국인도 이곳에 찾아와 동행을 구할 정도였다. 한번은 숙소에 미국인이 머물렀다. 그는 쿠바에 이모가 살고 있어서 미국과 쿠바의 외교 정상화(2015년) 이전부터 쿠바에 올 수 있었다고 한다. 그의 이모는 아바나 대학병원에 입원 중이었다. 쿠바에서는 의료와 교육이 무료다. "최소한의 존엄성을 지키게 해 주지." 쿠바인이 말했다. 의사들은 한 달에 약 30달러의 봉급을 받는다. "의대 교육을 무료로 마쳤으니 이 정도 월급도 정당하다고 생각해요." 월드 미스 유니버시티만큼 아름다운 여의사가 말했다. 하지만 현재 많은 의사들이 이민을 꿈꾸고 있다.

환전을 위해 오비스포 거리의 환전상에 자주 갔다. 오비스포는 각종 기념품 가게와 식당, 바가 밀집하여 관광객으로 붐비는 거리다. 시내에 하나뿐인 환전소의 줄은 늘 길었다. 환전소 맞은편의 식당에선 늘 음악이 흘러나왔다. 식당마다 연주하는 팀이 있고, 살사나 보사노바 같은 노래를 부른 후에 팁을 받았다. 다들 실력이 훌륭했다. 오비스포가 관광의 거리다 보니, 당연히 그곳 식당들도 외국인을 상대로 했다. 한 끼 식사가 쿠바인의 월급과 맞먹기도 한다. 쿠바에서는 두 개의 화폐를 이용한다. 외국인용의 화폐 1쿡(CUC)은 내국인용 화폐인 25모네다(CUP)다. 25배 차이인 셈이다. 한 쿠바 할아버지가 식당 문 앞에서 음악에 맞춰 스텝을 밟았다. 식사는 할 수 없어도 그곳에서 가장 음악을 즐기고 있었다.

오비스포를 거닐다가 LP 파는 할아버지를 만났다. 집에서 듣는 앨범을 판다고 했다. 한 장에 약 1천 원으로 저렴해서 이름 모를 LP를 양껏 샀다. 할아버지가 즐겨 듣던 거니 분명 굉장한 쿠바 음악일 거라며. 다만, LP를 다 팔면 할아버지는 앞으로 어떻게 음악을 들을까…. 쿠바의 가게에는 오래된 물건이 자주 나온다. 이베이에서나 필름을 구할 수 있는(아니면 어디서도 구할 수 없는) 오래된 카메라, 멈춰 버린 시계, 노랗게 바랜 책, 큐빅이 빠진 브로치….

낮에는 굉장히 더워서, 꼭 봐야 할 관광지를 도장 깨기 하다가, 숙소에 와서 뻗어 버렸다. 태양에 바싹 타서 몸이 바스락거리는 기분이었다. 도장 깨기 코스는 어느 관광객이나 비슷하다. 헤밍웨이가 『누구를 위하여 종은 울리나』를 썼던 암보스 문도스 호텔 511호, 역시 헤밍웨이가 칵테일 다이키리를 즐겨 마신 엘 플로리디타, 쿠바 미술품을 볼 수 있는 국립 미술관 쿠바관과 혁명 박물관 등.

저녁에는 공연을 보러 다녔다. 쿠바여행은 해가 진 뒤 시작이다(물론 더워서이기도). 아바나 대극장 VIP석에서 발레를 보았다. 쿠바 발레가 유명하다고 들어서다. 백인이 아닌 까무잡잡하고 근육이 잡혀 건장한 지젤이 신선했다. 물론 지젤은 어느 세계나 아름답다. 옆에는 혼자 여행 온 호주의 변호사 아주머니가 앉았다. 호주에 오면 언제든 연락하라며 연락처를 적어 줬으나, 역시 그 쪽지는 어디론가 사라졌다. 발레를 제외하곤 죄다 음악 공연을 봤다. 굉장히 유명하다는 '재즈 카페'를 사흘 연속 찾아갔으나 계속 문이 닫혀 있었다. 사람들은 "음, 오늘 닫았군" 하며 아주 쿨하게 다른 재즈 클럽으로 옮겼다. 다른 곳도 훌륭한 연주를 했다. 너무 훌륭해서 그들의 앨범을 살 수 있는지 클럽 매니저에게 문의했으나, 놀랍게도 "너무 신인이라 앨범은 없다"고 했다. 키보드와 트럼펫, 기타를 연주하는 20대의 뮤지션들에게 아주 큰소리로 박수를 보낼 수밖에 없었다. 이들의 미래는 어떻게 될까? 사회주의 혁명 이후 수십 년 동안 음악 대신 생업에 종사해야 했던 '부에나 비스타 소셜 클럽'의 멤버들과 달리, 앞으로 열리게 될 세계의 문이 젊은 연주자들의 음악 인생을 어떻게 바꿀까. 제발 널리 알려지길! 신인 밴드의 실력이 이 정도니, 재즈 카페의 다른 라인업들은 말해 뭐할까. 럼을 주문하고 영원히 끝나지 않는 음악을 듣고 싶었다.

호아키나 숙소에는 여행자들이 정보를 적어 놓은 노트가 있다. 몇 년 묵은 노트는 사라졌고, 새로운 노트였다(나도 비자카드 인출이

가능한 ATM 기계 위치를 써 놓았다). 노트에는 몇몇 광란의 클럽 추천 사가 있었다. 그중 젊은이들이 즐겨 찾는 '살롱 로사도'에 갔다. 매주 금요일은 '일렉트로닉의 밤'이어서 길게 줄을 섰다. 관광객에게만 10쿡의 돈을 받았다. 테이블을 잡고 럼 한 병을 시키는데 20쿡 정도였다. 이렇게 저렴할 수가. 나와 동행은 미친 듯이 마시고 미친 듯이 춤을 췄다. 하지만 뭐랄까, 우리는 정절을 지키는 규수 느낌. 쿠바의 젊은이들은 타고난 흥으로 유기체처럼 춤을 췄고, 특히 연인끼리는 섹시하기가 하늘을 찔러서 옆에서 보는 우리까지 흥분되어 소리쳤다. 멋져, 대단해! 욕망을 드러내며 춤과 음악과 사랑을 즐기고 있었다. 후에 'F.A.C.'라는 폐공장을 개조한 고급 클럽에 갔는데 재미가 없었다. 멋 좀 부리는 신흥부자들이 모여드는 클럽이랄까. 그곳에서 욕망은 한 단계 걸러져 있었다. 대신 살롱 로사도는 인간이 춤을 추는 근본적인 이유를 보여 줬다. 인생 뭐 있어, 땀이 나도록 추는 거야! 이는 내 클럽 생활의 모토가 됐다. 이들은 클럽 마감 시간인 새벽 3시가 되면 흔적도 없이 사라졌다. 물론 그들만이 가는 비밀스러운 2차가 있으리.

클럽에 오지 않은 젊은이들은 모두 말레콘에 모이는 듯했다. 아바나를 둘러싸고 있는 말레콘은 거센 파도를 부수기 위해 지은

방파제다. 젊은이들이 말레콘에 빼곡히 앉아 밤을 보냈다. 가끔 근처에서 야외 공연이 열렸지만, 대부분 말레콘에 앉아 있는 게 다였다. 그들이 갈 수 있는 밤의 공간은 그리 많아 보이지 않았다. 나는 매일 럼을 한 병 사 들고 말레콘에 앉았다. 미지근한 럼은 쿠바의 밤과 제격이었다. 한번은 혼자 취해 숙소로 돌아오다가 길을 잃었다. 때는 주말. 경찰도 주말엔 쉰다는 이야기를 들어서 좀 무서웠다. 동네 사람들은 굉장히 무표정하고 무료한 얼굴로 나를 쳐다봤고, 길을 묻자 돈을 요구했다. 취객이 시비를 걸 때쯤 휴가 중인(?) 경찰 부부가 나타났다. 굉장히 화려하게 꾸민 경찰 아주머니는 자기네를 만나서 다행이라며 밤 12시 이후에는 동네를 돌아다니지 말라고 경고하고 숙소까지 바래다주었다. "나는 프랑스어는 잘하지만 영어는 잘 못해. 학교에서 미국 언어는 가르쳐 주지 않았거든. 미안하다." 뭐가 미안하단 건지! 따뜻했다.

아바나를 연상할 때 또 하나 생생한 기억은 '따뜻한 촉감'이다. 만 건너편에는 아바나를 바라볼 수 있는 엘 모로라는 지역이 있다. 모로 요새와 산 카를로스 요새가 있는 구역이다. 이 요새를 찾아 노을 지는 아바나를 바라봤다. 신발을 벗어 맨발로 요새 근처를 거닐었다. 뜨거운 한낮에 달궈진 돌이 이제야 숨을 쉬며 조금씩 식어 가고 있었다. 따뜻하고 부드럽기까지 했다. 돌 위에 누워 노을을 보자 또 한 번 아바나를 사랑하게 됐다. 1달러, 1쿡을 외치며 혈안이 된 자본주의 총아들(그들은 돈 버는 방법을 빨리 깨우쳤고, 마음이 급했다)의 거친 눈빛이 씁쓸하나, 아바나는 낭만이다. 관광객용으로 전락한 나시오날 호텔의 부에나 비스타 소셜 클럽 헌정 공연이 아쉽지만 아바나는 리드미컬하다. 해변에 아무렇게나 깨진 럼 병이 슬프나 아바나는 살아있다. 인생 역시 복잡하게 뒤섞이고 거칠게 흔들릴 때 두렵지만 살아있음을 느끼지 않는가. 그립다. 급속히 변해 가는 쿠바를 위해 기도와 건배를!

이유 있는
청혼

트리니다드

쿠바

이유 있는
청혼

○

　아바나에서 차로 반나절 정도 내려가면 16세기에 세워진 고도시 트리니다드가 나온다. 쿠바여행자들이 아바나와 함께 즐겨 찾는 곳 중 하나다. 숙소는 한국인 여행자들이 즐겨 찾는 '친절한 땡땡네'를 가기로 하였다. 이름은 밝힐 수 없다. 땡땡이 내게 청혼을 했기 때문이다. 사흘간 투숙객은 나뿐이었다. 매일 저녁 비가 내렸다. "이곳은 저녁이면 늘 비가 내리지." 땡땡이 말했다. 그는 나에게 시가 피우는 법을 알려 주고, 트리니다드의 전통 칵테일인 칸찬차라도 만들어 주었다. 럼을 베이스로 하고, 시럽과 얼음, 물을 적당히 넣은 뒤 라임을 짠다. 한국에 와서도 종종 칸찬차라를 마셨지만 이때만 못했다. 그는 서툰 영어로 말을 자주 걸었다. 손님들이 럼을 병째로 사 와서 계속 칵테일 제조를 부탁한다는 둥, 이곳에 한국과 일본인들이 많이 온다는 둥. "나도 너희들 나라에 가고 싶어서 돈을 모으고 있어. 나랑 결혼하자." 응?

"해외에 나가려면 외국 여자와 결혼해야 하거든." 솔직한 건 인정. 하지만 부엌에선 아름다운 부인이 요리 중이었고 열여섯 살 된 딸도 있었다. 이건 좀 아니지 않나? 땡땡의 얼굴은 어떤 부끄러움이나 죄책감도 없었다. 쿠바를 떠나는 것이 그만큼 강렬한 욕망인가? 2013년 쿠바인의 해외 출국 허가제는 폐지됐지만, 한 달 월급이 약 30달러인 이곳에서 출국 비용을 마련하기란 어렵다. 현실의 벽, 자유로워 보이는 이국인들이 그에게 도덕적 해이를 뛰어넘는 열망을 갖게 했을까. 한국 여성과 쿠바 남성의 결혼을 그린 영화를 본 적 있다. 남자는 서울의 지하철에서 이렇게 얘기한다. "나의 작은 새(연인)를 위해 이 정도는 참을 수 있어." 표정은 무척 슬퍼 보였다. 부부는 현재 한국을 떠나 아바나에 머물고 있다고 한다. 누군가에게 쿠바는 떠나고 싶은 곳, 한 커플에게는 돌아오고 싶은 곳이다. 후에 만난 여행자들에게 청혼 이야기를 하니, 놀랍게도 그런 일은 많으며 그들도 '땡땡의 열망'을 어느 정도 이해했다. 물론 땡땡은 잘못했다.

어느 백과사전에서 "트리니다드는 식민지 시절의 가장 훌륭한 사례"라고 했다. 세상에⋯ 식민지 시절에 훌륭함 따위는 있을 수 없다. 그만큼 그 시절의 건축양식이 잘 보존되어 있다는 뜻이지만⋯ 마요르 광장을 중심으로 정방으로 뻗어나간 길, 황토색 기와를 얹은 노랗고 파란 건물이 아름답다. 산보를 위한 마을이랄까. 걷고, 또 걷다가 리아나 노래가 나오는 식당에서 밥 먹은 것말고는 달리 무언가를 하지 않았다. 저녁이 되면 여행자들은 '카사 데 라 무시카'라는 클럽에 모였다. 근처 '동굴 클럽'이 잠정 휴업 중이라 마을에 유흥지는 이곳뿐이어서 무척 붐볐다.

하루는 카리브해를 즐길 수 있는 앙콘 해변에 가고 싶었다. 앙콘행 버스정류장을 찾아 마을을 세 바퀴 돌았지만 여행사 버스밖에 보이지 않았다. 더위에 지쳐 나도 모르게 누군가의 병맥주를 건드려 깨트렸다. 앙콘 리조트로 가는 커플과 합승했지만 프라이빗 구역이라 나만 입장을 거부당했다. 탈진할 만큼 걸어서 앙콘 해변에 도착했다. 이미 지쳐 맥주부터 사 마시고 누워 버렸다. 가격이 비싸서 두 병 정도에서 끊었다. 수영을 했지만 워낙 해초가 많아 귀신 머리카락을 밟는 기분이었다. 수영하기 좋은 해변은 아까 그 프라이빗 구역이었던 모양이다. 어서 귀가하고 싶었지만 이른 낮에 택시 합승자를 구하기는 어려웠다. 비치발리볼을 하는 남자들을 기다렸다 같이 가기로 했다. 깜빡 잠이 들었다가 일어나 보니 해는 저물어 가고, 남자들은 보이지 않았다. 이놈들! 나는 아무 택시라도 잡아탈 요량이었지만 대부분의 택시가 시내로 돌아간 뒤였다. 운 좋게 한 대를 발견. 다른 손님이 타길래 함께 타자고 했더니 거절당했다. "너 돈 없어 보여."

앙콘 해변에서 엉엉 울었다. 모두 불친절했고, 그런 일을 당하기엔 내가 비키니를 입고 있었다. 무슨 상관이냐고? 같은 상처를 더 받는 기분? 밤새 울 수도 있을 것 같았다. 그때 한 아주머니가 다가왔다. "무슨 일이니?" 나는 눈물 콧물 짜면서 상황을 얘기했고, 아주머니는 나를 차에 태웠다. 이탈리아인 남편과 세 자녀가 타고 있었다. 큰 아들은 10대 중반, 작은 아들과 딸은 열 살이나 됐을까. 나에게 과자를 주었고 우리는 친구가 되었다. 정말 고마워서 뭐라도 주고 싶었다. 진심으로. 숙소로 들어가 내가 줄 수 있는 모두를 꺼냈다. 그래 봤자 이어폰과 USB, 옷 두 벌이 다였다. 쿠바에 공산품이 부족하다지만 혹시 실례가 아닐까? 이미 쓴 물건을 줘도 될까? 내 이메일과 페이스북 주소도 적어 줬다. "계속 연락하자. 근데 네건 없어?" 인터넷과 컴퓨터 사용이 쉽지 않은 이들에게 페이스북을 하라니…. 내 마음이 잘못 전달되지 않았을까 심히 걱정됐다.

다음 날 저녁, 그들을 또 만났다. 내 숙소 옆, 옆집에 살고 있었다. 아이들은 맨발로 거리를 걷고 있었다. 신발이 없어서가 아니다. 그냥 편해서. 나를 진심으로 반가워하며 웃었다. 그들이 내 트리니다드의 전부가 되었다.

전원을
기대했다만

비날레스

쿠바

○

비날레스는 아바나에서 왕복 다섯 시간 정도라 당일치기를 많이 한다. 나는 전원에서 조용히 쉬고 싶어 3박을 하기로 했다. 조그만 마을이라기에 숙소는 예약하지 않았다. 택시를 합승한 커플이 자신들이 예약한 숙소를 알려 주고 다른 곳으로 가 버렸다. 이중예약을 한 모양이었다. 때리듯이 내리는 비를 맞고 나를 안내해 준 택시 기사에게 우산을 선물했다. 여행이 막바지에 이르면서 물건을 하나씩 누군가에게 주는 중이었다. 숙소의 이름은 'Rosoa'로, 아담하고 깨끗한 이층집이었다. 주인아저씨는 예약한 두 명이 아닌 비를 쫄딱 맞은 한 명의 손님에게 화가 난 듯했다. 스페인어를 알아듣지 못하지만 "대체 개네들은 왜 약속을 안 지킨다니?"라는 의중은 충분히 전달됐다. 할 수 없이 나 혼자 넓은 더블베드의 독방을 쓰게 됐다. 아저씨는 이날만 그랬지 늘 친절하고 조심스러워하셨다. 2층은 아저씨네 가족이 살았다. 부엌에서 가족들끼리 식사를 하는데 차마 끼지 못했다. 대신 간이매점에서 맥주를 사 들고 방 안에서 마시다 잠들곤 하였다. 침구가 깨끗하고 포근했다.

저녁이면 시내에는 작은 수공예품 시장이 열렸다. 볏짚을 꼬아 만든 가방, 나무를 깎아 만든 냄비받침, 공장에서 찍어낸 체 게바라 모자와 배지 등…. 할 일이 없어 구경하다 나무로 만든 새

장식을 샀다. 마을 중앙의 작은 광장이 가장 붐볐다. 그래도 한 30~40명이 넘지 않았다. 그곳에서 택시 운전사 겸 가이드들이 대기를 탄다. 어슬렁거리는 내게 누군가 "한국 사람이세요?"라고 말을 걸어왔다. 쿠바인이 한국어로. 그는 서울 구로에 사는데 고향인 비냘레스에 놀러 왔다고 했다. 아바나에 여자 친구가 있는데 혼자 들렀다고. 비냘레스에서 한국말을 할 줄 아는 쿠바인이라니… 좀 더 대화를 나누고 싶었지만 그는 뭐랄까, 더 이상 대화를 원하지 않았다. "어차피 한국으로 돌아가요."

거리를 어슬렁거리다 택시 투어를 예약했다. 30달러에 주요 관광지를 볼 수 있다고 했다. 처음엔 비냘레스 전경이 내다보이는 높은 언덕에 자리한 호텔에 들른다. 녹음 속에 마을이 소복하게 앉아 있다. "봤지? 자, 다음으로!" 인간의 진화를 표현했다는 벽화가 그려진 절벽 너머에 갔다. "멀리서 봐야 보이지. 자, 다음으로!" 이전에 인디오들이 살았다는 동굴에 갔다. 동굴은 매우 크고 길어, 배를 타고 10분 정도 돌아다닌다. 출구에 나오니 역시나 기념품점이 있고, 기사는 "살 거면 얼른 사. 자, 다음으로!"라고 외쳤다. 마지막이 하이라이트다. 시가 농장에 갔다. 몸집 좋은 아저씨가 담뱃잎을 마는 시연을 했다. 완성된 시가의 입 닿는 부분에 꿀을 묻혀 내게 주었다. "체 게바라가 꿀을 묻혀서 피

우곤 했지. 누군가는 위스키를 묻히기도 해." 사라고 할까 봐 눈을 피하다가 결국 피웠다. 시가의 쌉쌀한 낙엽향과 꿀의 달콤함이 전해 와서… 사 버렸다. 가격은 한 대에 약 4천 500원으로 열 개를 할인 없이 4만 5천 원. "직거래라 싼 거야." 농장 아저씨가 말했다. 택시 기사는 시가를 한 대 얻어 피우고 있었다. "자, 다음으로!"라고 할 줄 알았는데, "너 혹시 시가 샀니?"라고 물었다. "응." "응, 그래…." 그리고 시내에 돌아왔다. 뭔가 당한 것 같았다. 그 뒤로 그냥 숙소에 있거나 산보만 했다. 근처에 200년 된 맛집이라는 돈 토마스를 찾았지만 음식이 너무 짜서 모히토와 맥주만 연거푸 마셨다. 숙소에 돌아와 검정치마의 노래를 틀고 눈물을 흘렸다. 혼자 당하려니 외로웠다.

미지의 세계로
한 발 더

○

"여기에 살면 어떨까?"

콜롬비아 산아구스틴에 머물고 싶어졌다. 숙소 주인에게 스페인어를 배우고(아주머니는 영어도, 당연히 한국어도 못하시지만, 뭐 어떻게 되겠지), 낮에는 뜨거운 햇빛을 피해 해먹에 눕고, 동네 아이들과 강아지와 놀고, 가끔 오토바이를 빌려 막달레나강으로 피크닉도 가면서 말이다. 그만큼 산아구스틴은 콜롬비아에서 가장, 아니 남미에서 손꼽히게 좋았다. 이 생경한 지역은 정말이지 우연히 가게 되었다. 여행 중에 "산아구스틴 석상의 사진을 찍어줄 수 있냐"는 메일을 받았다. 한국에서 '세계 거석 전시회'가 열리는데, 거석을 직접 공수하기가 어려우니 재현하기 위해 참고할 사진이 필요하다는 거다. 나는 30만 원의 수고비를 받고 석상의 사진과 동영상을 촬영하기로 했다. 문제는 머물고 있는 에콰도르의 쿠야베노에서 콜롬비아의 산아구스틴까지 가려면, 배낭여행자가 일반적으로 가는 국경이 아닌, 다소 생소한 '국경 넘기'를 해야 한다는 것. 루트를 읊자면, 쿠야베노에서 라고아그리오로 와서, 국경 검사를 하고 다리를 건너 콜롬비아로 입성, 그곳에서 봉고차를 타고 모코아까지 다섯 시간 달리니 밤이 되었다. 맘씨 좋은 운전기사를 만나 기사들이 묵는 값싼 숙소를 잡고 함께 맛집도 갔다. 역시 운전기사님들이 맛집은 제대로 아시는 듯! 저녁으로 치킨을 먹으며 함께 축구를 봤는데, 이 바른 기사님은 다음 날 새벽에 차를 운행해야 한다며 맥주를 안 드셨다. 다음 날 새벽 6시에 우리를 터미널에 데려다주기까지. 국경을 건너다 털릴까 봐 도끼눈을 떴는데 어딜 가나 친절한 사람이 있다. 긴장을 늦추지 말되 함부로 사람을 경계해서는 안 될 터.

터미널에서 피탈리토까지 갔다가 다시 봉고차를 갈아타고 산아구스틴으로 향했다. 피탈리토에서 산아구스틴까지는 끝이 보이지 않는 산길을 넘고 넘었는데, 그 풍경이 참으로 아름답다. 절벽 곳곳엔 작은 마을이 있다. 아니, 마을보다 더 작은 단위가 있으려나? 해가 질 즈음 집 몇 채에 불이 켜지고, 절벽 어딘가 귀하게 있는 공터에서 아이들이 하루가 아쉬운 공을 찬다. 한참을 달리면 또 집 몇 채가 나오고, 가끔 시내로 가려고 차려입은 손님이 탔다. 그렇게 국경을 넘어 산아구스틴까지 오는 데 2박3일이 걸렸다.

산아구스틴 터미널에 도착하니 비가 내렸고, 청재킷과 청바지를 입고 호객을 나온 동네 '짱' 아저씨의 숙소에 들어갔다. 산아구스틴은 시골이라 그런지 내가 지나가면 키득키득 웃거나 괜히 인사를 건넸고, 식당에서 영어는 거의 통하지 않았다. 나도 참, 아무거나 먹으면 될 것을 메뉴에 대해 이것저것 물으면 종업원이 "마이클-"을 불러 세웠다. 청청패션의 짱 아저씨였다. 그는 '일수 가방'이라고 불릴 법한 네모난 가죽 가방을 옆구리에 끼고 관광객의 영어 통역을 하며 동네일을 봐주고, 숙소를 운영하고, 투어도 진행했다. 나는 산아구스틴의 고고학공원에 가서 석상을 촬영해야 했기에, 말을 타고 돌아보는 투어와 차량 투어를 예약했다.

산아구스틴은 스페인이 정복하기 전인 1세기에(세상에, 얼마나 오래 전인가) 안데스 북부의 문화를 가늠해 볼 수 있는 석상으로 유명하다. 특히 석상들이 밀집되어 있는 고고학공원은 유네스코 문화유산에 등재됐다. 2천여 년 전 조각들이 이렇게 많이, 멀끔히 보존되어 있다니 놀라웠다. 석상의 생김새는 꽤 귀여웠다. '따봉'을 하는 친구부터, 우리나라 도깨비처럼 익살스럽게 웃고 있는 친구까지. 키들도 대부분 내 허리만치 자그마해서(아마도 그 세기에는 그랬을 것이다) 더 귀여웠다. 칠레 이스터섬에서 본 모아이는 크기부터 압도적인데, 산아구스틴의 석상은 크기에 욕심을 버리고 섬세한 표정 묘사에 더 집중하였다. 마음이 따뜻한 사람들이 만든 듯 보였다. 가만, 1세기에도, 그러니까 수렵 채취를 해야 하고 여기저기서 침략(이를테면 곰이나 치타)을 막아내는 와중에도, 이

런 예술을 했다고 생각하니 가슴이 뜨거워졌다. 인간에게 예술은 먹고사는 문제만큼 강력한 본능인가.

투어 중에 막달레나강도 갔다. 가이드 할아버지는 막달레나가 콜롬비아를 관통하는 중요한 '어머니의 강'이라고 하였다. 산아구스틴의 수돗물은 약간 노리끼리한데 아마도 막달레나강의 영향일 것이다. 장마의 흙탕물 같은 강물이 '우차차' 세차게 흐른다. 강이라기보단 폭포가 길게 이어진 듯하다. 자동차 투어를 함께한 가족도 신나게 강물을 쳐다보았다. 보고타란 대도시에서 왔으니 그들도 처음 봤을 테다. 아버지는 주 5일 근무로, 토요일에 보고타에서 버스를 타고 열두 시간을 내려왔고, 일요일 밤에 다시 열두 시간을 올라가 출근한다고 했다. 아버지 만세! 딸의 남자 친구도 있었는데, 장인어른 앞에서 애정표현을 양껏 하더니 딸의 무릎을 베고 잠들었다. 아버지는 전혀 신경 쓰지 않았다. 아버지 만세! 그들은 챙겨 온 간식을 나눠 주었고, 나는 점심 때 맥주를 샀다. 일요일이라 산아구스틴 시내가 들썩였는데, 콜롬비아 미녀가 마차에 올라탄 퍼레이드도 있었다. 역시나 최고의 미녀였다.

말을 타는 투어도 했는데 와, 승마를 왜 하는지 알 것처럼 재밌

었다. 승마 중에 우아한 아주머니가 운영하는 그림 같은 집을 발견했다. 잔디가 깔린 정원에는 작은 연못이 있고, 강아지와 오리들이 뛰놀았다. 원두막에서 더위를 식히는 객(나)에게 아주머니는 차가운 레모네이드를 갖다 주었다. 다음 날 바로 이곳으로 숙소를 옮겼다. 아주머니가 키우는 강아지 '꼬기'는 지금도 생각하면 보고 싶어 눈물이 날 지경이다. 똥똥한 배에, 부정교합이라 드라큘라 이빨을 하고 코를 심하게 곤다. 어찌나 사랑스러운지, 조식을 먹을 때 몰래 빵을 줄 수밖에 없었다. 살찌는 이유가 있었다. 집에는 가끔 모르는 개들이 들어와서 낮잠을 자고 밥을 먹었다. 아주머니는 익숙한 듯 받아들였다. 숙소가 자리한 동네도 좋았다. 가난하지만 정갈하게 닦고 수선한 집들, 밖에는 빨주노

초 강렬한 색의 화분을 놓았고, 뜨거운 햇빛을 피해 길게 뺀 차양 아래는 해먹을 달았다. 여기는 물가도 무척 싸서, 맥주 피처가 약 1천 원, 감자, 호박, 양배추, 양파를 2천 원에 살 수 있었다. 참으로 오래 머물며 살기 좋은 곳이다. 무슨 일이 생기면 짱 아저씨 마이클에게 부탁하면 될 터다.

우연한 여행 덕에 이 동네를 알게 되었다. 때로는 아무것도 모르는 세계에 발을 들이미는 용기도 내볼 만하다. 인생도 그럴까? 국경을 넘다 죽을까 봐 겁나면서도, 시간 낭비일까 걱정하면서도 한 발 내딛는 것, 그것은 불행보단 보상으로 오는 경우가 많지 않을까. 하여튼 가만히 있는 것보단 100배 나은 듯하다.

마약왕이 떠난
가로수길

메데인

콜롬비아

○

산아구스틴에서 열두 시간 동안 버스를 타고 메데인에 도착했다. 버스터미널은 서울의 고속터미널과 비슷한 규모로 무척 붐볐다. 콜롬비아 제2의 도시에 왔음을 실감했다. 혹자는 수도인 보고타보다 이곳이 훨씬 부자 도시라고 했다. 마약왕 파블로 에스코바르가 근거지인 메데인에 투자를 많이 했다는 거다. 내가 이곳에 오고 싶어 했던 이유도 그 때문이다. 미드 〈나르코스〉를 재미있게 보았는데 나중에야 실화임을 알게 됐다. 파블로가 죽은 1993년 전까지 80~90년대 메데인의 모습은 무척이나 매력적이었다.

메데인은 아직 위험하니 부촌에 숙소를 잡으라는 충고를 들었다. 세련된 펍과 클럽들로 잘 빠진 동네였다. 밤이 되면 무섭기는커녕 펍들은 더 불을 밝히고 테라스에선 잘 차려입은 남녀가 칵테일과 맥주를 마셨다. 낡은 스포츠웨어를 입고 운동화를 신은 사람은 나뿐인 것 같아 화려한 거리를 빠르게 지나 숙소로 들어가곤 했다. 하루는 근처의 펍에 갔다가 회사 근처인 신사동 가로수길에서 맥주를 마시던 기억이 떠올랐다. 그때처럼 테라스에 앉았고 힙한 음악이 흐르고 선선한 바람이 불었기 때문이다. 펍에서 나오자 한 행인이 "엑스터시"라고 귀에 대고 속삭였다. 술집 주변에서 마약을 밀매하는 사람인 듯했다. 아, 여긴 메데인.

메데인에서 마약왕의 발자취를 찾다가 〈나르코스〉의 배경 같은 산동네를 발견했다. 안데스산맥의 골짜기에 위치한 이곳에선 빈곤층일수록 가파른 산동네에 산다. 그들은 지형과 마약 조직 때문에 고립되었다고 한다. 그러다가 2004년에 메트로케이블이 설치되면서 변화가 일어났다. 언덕 위의 주민들이 쉽게 시내로 출퇴근하고, 관광객들은 쉽게 산동네로 진입했다. 그 덕에 메트로케이블이 정차하는 곳엔 범죄율도 줄고 분위기도 쇄신됐다. 그 메트로케이블을 보러 가기로 했다. 주민들을 위한 '발'이지만 나처럼 구경 오는 이들이 많았다. 같은 칸에 탄 콜롬비아 남자도 내게 기념사진을 찍어 달라고 했다. 메트로케이블은 정말 가파른 언덕을 올라갔다. 언덕이 아니라 산이다. 계단식 논 같은 지형에는 인가들이 촘촘히 있고 골목마다 오토바이들이 다녔다. 정말 메트로케이블이나 오토바이가 아니면 꼭대기 주민은 밑으로 내려올 마음을 아예 접을 듯했다. 메트로케이블은 꼭대기 마을까지 20여 분 정도 걸리며, 중간중간 역이 있다. 그 마을에서 산 정상까지 오르려면 6천 페소를 내고 메트로케이블을 갈아타야 했다. 이제부턴 주민들의 노선이 아닌 관광 상품이기 때문이다. 15분 동안 올라가면 산 정상에 널찍한 공원이 나온다. 전망대와 고급 레스토랑이 있고 기념품 가게도 많았다. 초록색 돌로 만든 반지를 하나 샀는데 잃어버렸다.

메트로케이블을 타고 내려오면서 중턱의 마을에 들르고 싶었다. 하지만 역 바로 근처가 아니면 여전히 위험한 동네라고 하여 감히 돌아다니지 못했다. 역에서 주전부리라도 사고 싶었지만 다들 말렸다. 부촌에 위치한 숙소로 돌아가서야 엠파나다를 사 먹었다. 우리나라의 떡볶이 노점처럼 엠파나다 노점이 무척 많았다. 페루에서 엠파나다를 고기 누린내 때문에 거의 먹지 못했는데, 이곳에선 카레향이 나는 엠파나다 맛집을 찾았다. 굉장한 맛집인지 주변 노점은 텅텅 비어도 여긴 줄을 섰다. 금방 튀긴 카레 맛 엠파나다에 고수를 썰어 넣은 새콤한 소스를 뿌려, 현지 음료인 '포스토본' 오렌지 맛과 먹었다.

메트로케이블처럼 도시 쇄신의 프로젝트 중 하나가 그라피티 투어라기에 메일로 신청을 했지만, 가이드는 나오지 않았다. 아마도 쉬는 날이었던 듯싶다. 그라피티는 보고타에서도 볼 수 있다며 금방 접고 엘 페뇰을 보러 가기로 했다. 엘 페뇰은 거대한 바위산으로 메데인의 유명한 근교 여행지다. 메데인에서 버스로 두 시간 걸리는데, 중간에 행상들도 많이 탄다. 당시 남미에선 젊은이들이 버스에 타서 랩이나 힙합을 하며 공연료를 받는 것이 유행이었다. "윤미래다!" 싶을 만큼 무척 잘하는 친구도 보았고 소음에 가까운 힙합 꿈나무도 있었다. 시대가 만들어 낸 새로운 행상이었다. 마약 검사도 자주 한다. 콜롬비아에서 버스를 탈 때마다 중간중간 경찰이 들어와서 마약 소지를 검사했다. 두근 거리며 몰래 사진을 찍었는데 경찰은 선하게 웃었다. 후에 연합 뉴스에서 콜롬비아 전직 경찰의 인터뷰를 보았다. 파블로의 생 전에 죽은 동료들, 두려움에 떨던 시간들에 대해 이야기하며 미 드 〈나르코스〉의 예고편만 봐도 텔레비전을 끈다고 했다. 마약 왕 때문에 메데인까지 찾아온 내가 너무 부끄러웠다.

엘 페뇰 꼭대기까지 740개의 계단이 있다. 100단위마다 숫자로 표시되어 있다. 무척 힘들 줄 알고 의지를 다졌으나 생각보다 금 방 올라갔다. 그간 산행으로 단련되었나 보다. 내려와서가 더 예 뻤다. 하늘은 파랗고 구름이 가까운 평지가 펼쳐졌다. 윈도우 바 탕화면 같은 푸름이었다. 엘 페뇰에 대기하던 툭툭을 타고 과타 페 마을로 갔다. 알록달록 색색의 집들이 있는 동네로 당연히 관 광객이 넘쳤다. 그러나 자연이 준 색상을 따라가진 못했다. 그냥 밥이나 먹기로 했다. 심하게 연기를 내뿜는(그래서 손님이 많음을 증 명하는) 생선구이집에 들러 맥주 '클럽 콜롬비아'와 숭어구이를 시켰다. 기가 막히게 맛있어서 클럽 콜롬비아를 여러 병 비웠다.

아, 메데인은 미술가 페르난도 보테로의 고향이기도 하다. 마약

왕에 집착하다 보니 나중에야 알았다. 광장에는 페르난도 보테로의 작품을 전시한 커다란 미술관이 있다. 또 그의 조각상들도 진열되어 있다. 사람들은 뚱뚱한 여인의 조각상에 올라가 껴안고 사진을 찍었다. 아무도 제지하지 않았다. 일부러 말리지 않는 거라면 멋지다고 생각했다. 작가도 관리인도 예술품도.

커피
한 잔

○

　　콜롬비아까지 왔으니 커피 농장 투어는 해야 한다며 살렌토에 갔다. 케냐에 갔어도 마찬가지일 거다. 커피 좀 내린다는 카페에는 케냐, 콜롬비아, 과테말라 등의 원두가 우선 있으니까. 메데인에서 살렌토로 가는 버스터미널에서 마신, 찌그러진 플라스틱 컵에 담긴 커피도 맛있어서 커피 농장이 더욱 기대됐다. 생각해 보면 여행지에서 마시는 커피는 모두 맛있지만.

메데인에서 아침 9시에 봉고차 버스를 타고 여섯 시간을 달렸다. 길이 구불구불하여 버스에서 휴대폰을 보다 토할 뻔했다. 숙소는 일부러 예약을 하지 않았다. 조그만 시골은 발품 팔면 좋은 곳을 싼값에 얻기 때문이다. 그러나 나만큼 덩치 좋은 개가 있는 호스텔은 만실이었고, 절벽에 자리해 풍경이 기가 막힌 숙소는 양말 냄새가 났다. 저런 풍경을 가졌으면 조금만 신경 써도 장사가 잘될 텐데 방만 여러 개 만들기에 급급했다. 결국 배낭의 무게에 짓눌려 잔디가 깔린 고급 숙소를 잡아 버렸다. 1박에 9만 페소(약 3만 5천 원)라 처음엔 부담스러웠지만 호텔 같은 침구에 쾌적한 정원과 훌륭한 조식을 갖춰 무척 만족했다. 숙소가 좋으면 그곳이 더 좋아진다.

첫날은 동네를 돌았다. 주말이라 사람들로 북적였다. 에콰도르의 바뇨스처럼 현지인들의 나들이 지역 같았다. 광장을 중심으로 골목이 방사형으로 뻗어 나갔다. 분홍, 파랑 색색으로 장식한 기념품 상점들이 즐비했다. 남미의 챔피언스리그인 코파 리베르타도레스 기간이라 곳곳에 모여 축구 중계를 보고 있었다. 콜롬비아 국경에서 만나 함께 축구 중계를 봤던 아저씨가 "콜롬비아는 현재 FIFA 랭킹 3위"라며 자랑했었다. 그때의 경기나 살렌토 천막에서 보는 경기나 같은 해설위원이었다. 골을 넣을 때마다 "골-"을 아주 길고 힘차게 소리쳤다. 폐활량이 무척 좋다고 여겨질 정도였다. 축구를 보는 사람들에 섞여 맥주를 마시고 싶었으나 그냥 호스텔에서 저녁을 해 먹기로 했다. 광장의 큰 슈퍼마켓에는 양배추가 없어 조그만 채소가게에 갔다. 고양이 한 마리가 있었다. 등에 동그랗게 탈모가 있었으나 가게에서 키우는 고양이인 듯했다. 고양이가 야채 위를 걸어 다녀도 주인이 나무라지 않았다. 나는 귀찮아하는 고양이를 자꾸 만졌다. 주인은 거슬렸는지 내가 나가자 고양이를 위로하듯 크게 쓰다듬었다. 보기 좋았다. 숙소로 돌아가는 길에도 고양이가 자주 잠들어 있었다. 남미 고양이의 경계심은 한국의 길고양이보다 적다. 자꾸 만져 달라고 한다. 태생이 다른지, 사람들이 고양이를 대하는 환경이 다른지 모르겠지만 왠지 후자 같아 씁쓸하다.

종종 숙소의 야외 테이블에 앉아 글을 쓰기도 했다. 한국에 가서도 의자에 앉아서 뭔가를 쓰는 시간이 갖고 싶어졌다. 물론 회사에서 돌아오면 침대에 누워 버리겠지만 말이다. 사무실에서 여덟 시간 이상 무릎을 구부리고 앉아 있으니 집에선 밥도 침대에 누워 먹었다. 여행을 다녀와선 그 정도까진 강박을 갖지 않으려고 노력한다. 또 카페에선 내가 여행 간 지역의 커피를 주문한다. 주로 콜롬비아 원두인데 이게 혹시 외국으로만 수출된다는 1등급 커피인가 싶었다. 커피 농장으로 가는 택시 아저씨가 그랬다. "좋은 커피는 다 외국으로 나가요. 우린 잘해 봐야 2등급 커피를 마시지."

이 택시를 타기 전까지는 좀 헤맸다. 살렌토의 커피 투어를 알아보다가 '오카소 커피 농장'에 가기로 했다. 오전 9시부터 오후 4시까지 한 시간마다 영어 투어를 진행했다. 걷는 길이 아름답다고 하여 구글 지도를 키고 따라갔다. 구글 지도는 아름다운 길보단 최단 길을 알려 줬다. 대관령처럼 굽이치는 산길을 내려가는 도로였다. 인도는 없다. 내려오는 차에 치이겠다 싶어 가드레일에 바싹 붙었다. 날카로운 풀과 가시에 종아리가 벴다. 슬프게도 중간 지점이라 되돌아가기는 애매했다. 경적이 울렸다. "여기는 사람 다니는 길이 아니에요. 타요." 오카소 커피 농장에 간다

고 했지만 운전자인 아주머니와 가족 모두 몰랐다. 커피 투어는 관광객만을 위한 프로그램인 듯했다. 아주머니는 홍콩에 사는데 고향인 살렌토에 놀러 왔다. 상해에서도 8년 살았고 서울에도 두 번 온 적 있다고. 아주머니는 민가까지 운전해서 커피 농장을 물어봐 주었다. 하지만 아무도 몰랐다. 아, 정말 관광객용이구나! 한 아저씨가 말을 타고 가는 수밖에 없다고 했다. 착한 아주머니는 내게 명함까지 주며 잘 다녀오라고 하였다. 명함을 잃어버릴까 봐 노트에 메일 주소와 전화번호 등을 적었는데 한 번도 연락하지 않았다. 여행에서 스친 인연과 연락을 하면 무언가가 소멸되는 기분이었다-는 핑계고 그냥 정신이 없었다. 다만 아주머니의 친절은 나를 통해 누군가에게로 옮겨갈 것이다. 에어비앤비를 하며 여행자에게 저렴한 숙식을 제공하고 관광용 상품이 아니라 진짜 한국을 보여 주려는 계획도 품었다. 하지만 아, 언제나 정신없는 삶이다.

말은 결국 타지 않았다. 6천 페소인 줄 알았는데, 6만 페소였다. 장화를 신고 콜롬비아 모자를 쓴 머리가 긴 소녀는 익숙한 듯 말을 탔다. 멋졌다. 시골에선 아직도 말이 주요 교통수단이다. 현지인 가격으로 흥정하고 싶었지만 관뒀다. 길고양이와 놀다가 오카소 커피 농장에 가는 택시를 불렀는데 3만 7천 페소였다. 돌아올 때는 인당 5천 페소였으니 바가지였다. 택시는 분홍 셔츠를 입은 콜롬비아 아저씨가 운전하고 어린 아들이 함께 탔다. 택시 라기보단 경운기의 빠른 버전이었다. 짐칸에 차양을 씌우고 의자를 놓아 리드미컬하게 엉덩방아를 찧었다. 오픈카를 좋아해 큰 불만은 없었다. 오카소 농장의 투어는 정말 예쁜 콜롬비아 여성이 커피 재배 과정을 설명하고 커피 시음을 도왔다. 허리에 바구니를 메고 커피콩도 땄다. 하얀 커피꽃과 콩을 처음 봐서 신기했다. 사진을 찍었는데 현지 농장의 알바생처럼 나와 흡족했다. 좀 마르고 까맣게 탄 여행자의 모습이 될수록 아름다워 보였다. 커피 원두를 몇 개 사고 경운기 오픈카를 타고 돌아왔다. 사실 그 농장의 커피 맛은 내 취향이 아니었다. 시내의 아늑한 카페의 커피가 훨씬 맛났다. 살렌토에는 당연히 여러 카페가 있는데 현지인은 한 번도 보지 못했고 푸른 눈의 여행자만이 카페에서 커피를 마시고 일기를 쓰곤 했다.

귀국 후에 살렌토의 원두를 지인들에게 선물하였다. "이게 콜롬비아 현지 농가에서 산 원두"라고 했지만 받는 이들은 큰 감흥이 없는 듯했다. 하긴, 타인이 여행에서 사온 기념품이 의미 있기란 힘들지.

서상의
모든 블루

○

산안드레스섬에서 찍은 사진은 대부분 '블루'다. 세상의 모든 블루가 모여 있다. 카리브해에 자리한 이 섬은 일곱 가지 바다색으로 유명하다. 백사장에 서면 일곱 가지 명도의 바다색이 자로 그은 듯 질서 있게 펼쳐진다. 태양과의 합작품이라 날씨에 따라 파란색의 명도는 날마다 다르다. 모두, 어떤 날이건 청명하다. 오토바이를 타고 동서남북마다 달라지는 바다색을 보거나(면적이 26제곱킬로미터라 오토바이로 두세 시간이면 일주한다) 스노클링을 했다. 해가 물속까지 들어와 내 몸에 햇빛의 무늬를 그렸다. 귀에서 찰랑거리는 물소리, 스노클링으로 늘 젖어 있는 몸의 촉각, 해가 데운 뜨끈한 공기. 돌아와 그 감각이 떠올라 눈물이 날 뻔했다.

그래서 산안드레스섬이 어디냐 하면, 남미 대륙의 지도를 펼쳐 콜롬비아 위쪽의 카리브해에서 보이지 않을 만큼의 작은 섬이다. 보고타에서 비행기로 두 시간이면 도착하며 항공권도 10만 원 내외로 저렴하다. 콜롬비아의 제주도랄까. 시내에 호텔과 면세점이 즐비하며 길은 깨끗하게 잘 정비되어 있다. 해변의 가게에는 푸른 바다에 어울리는 흰색 원피스를 많이 판다. 스포츠웨어를 입는 배낭여행자지만, 이곳에선 원피스를 사 입고 휴양지 코스프레를 해 보았다. 산안드레스섬은 원피스 한 벌과 수영복,

스노클링 장비만 있으면 행복할 수 있다. 시내의 메인 비치라 할 수 있는 바히아 사르디나스 해변은 예쁜 카페도 많다. 콜롬비아의 대표적인 커피 체인점인 후안 발데즈에서 냉 믹스커피를 마시며 바다를 바라보곤 했다. 하루는 오토바이를 타고 섬을 돌다, 비포장의 흙길에 허름한 집들이 모인 구역에 들어섰다. 다른 오토바이가 다가오더니 "위험해. 얼른 나가"라며 출구를 안내했다. 나는 보고 싶은 풍경이 있는 쪽으로 급히 나갔다. 휴양지든 어디든 다양한 풍경이 있다. 보고 싶은 것만 볼 뿐.

처음 사흘은 공항 근처의 깨끗한 아파트에, 뒤 사흘은 시내에서 떨어진 민가의 에어비앤비에 묵었다. 밤이 되면 시내와는 달리 가로등 몇 개만이 외롭게 켜졌고, 사람들의 옷차림도 휴양지풍이 아니라 평범했다. 해변에서 레게머리를 땋아 준 할머니와 면세점의 직원들이 사는 마을인 듯했다. 하루는 도로변에 오토바이가 주르륵 있었다. DJ가 음악을 크게 틀고, 젊은이들이 양껏 모인 '도로 클럽'이었다. 또 하루는 젊은이들이 축구를 하는데 동네 사람들이 많이들 구경 나왔다. 조금만 실수해도 공이 도로로 튕겨나갈 듯 도로와 인접한 축구장이었다. 앉아서 구경하고 싶었지만 사람들의 시선이 쑥스러워 동네 슈퍼에 들러 술을 양껏 사고 숙소로 돌아갔다.

에어비앤비는 풍채 좋은 주인아주머니가 운영하셨다. 자신이 사는 집은 시내에 화려하게 있을 법한 부유함을 풍겼다. 주인아주머니가 사교성이 좋아 이것저것 물어봤지만, 신경질을 내며 청소하던 아주머니가 더 정감 갔다. 대부분의 에어비앤비 주인은 왠지 모르게 비즈니스적인 사교성을 띄고 있었다. 한 층 전부를 나와 동행이 썼다. 넓어서 좋았지만 화장실 냄새가 거실을 지배했고, 에어컨을 틀면 춥고, 안 틀면 덥고, 또 틀면 에어컨 냄새가 방을 지배했다. 왜 그런지 침대는 매트리스 세 개를 올려서 무척 높았다. 이곳 사람들은 높은 침대를 좋아하는지, 아주머니의 취향인지는 모르겠다. 그래도 우리끼리만 쓰기에 크게 웃으며 술을 마실 수 있었다. 한국 음식도 눈치 안 보고 해 먹었다.

숙소에서 오토바이로 10분 정도만 가면 웨스트 뷰라는 워터파크가 나온다. 4천 원가량의 입장료를 내고 들어가면 미끄럼틀과 다이빙대, 조금씩 부서진 비치 의자가 놓여 있다. 한쪽에선 보기만 해도 후끈 달아오르는 독주를 팔고, 입장객에게 식빵을 하나씩 나눠 주었다. 물고기 밥이다. 식빵 때문에 바다가 아니라 어항에 있는 듯 커다란 물고기가 많이 몰려들었다. 물고기 공포증이 있지만 스노클링에 재미를 붙여 바다에서 나올 줄 몰랐다. 세상의 즐거움 하나를 이제야 알게 돼 아쉬울 정도였다. 이 워터파

크는 산안드레스섬의 주요 관광코스인지 대형버스에서 사람들이 우르르 내리기도 했다. 또 다른 코스는 섬에서 15분 정도 보트를 타고 조니케이섬에 가서 멍을 때리거나 또 스노클링을 하는 것이다. 산 루이스 해변에서 바다로 걸어가(수면이 낮다) 난파선을 보고 또 스노클링을 하는 코스도 좋다. 두말할 것 없이 '팬톤 컬러칩 블루 편'을 보는 듯한 바다가 아름답다. 산안드레스섬을 알려 준 여행자에게 감사의 선물이라도 보내고 싶을 정도다. 세상의 대륙이 갈라지면서 조각 하나가 카리브해에 떨어졌고, 그 덕에 카리브해의 해적이 자주 오간 역사가 있으며, 자메이카에서 아프리카 노예들이 끌려오면서 어딜 가나 자메이카 국기와 음악, 레게머리를 볼 수 있는 산안드레스섬. 또 눈물이 나려고 한다. 세상의 모든 블루를 언제 또 볼 수 있을까.

마지막
강

○

　　콜롬비아의 수도 보고타에는 세 차례 방문했다. 보고타에 머물다 산안드레스섬에 다녀오고, 다시 머물다 쿠바에 다녀와서, 다시 머물다 한국으로 돌아갔다. 보고타는 남미여행의 마지막 도시인 셈이다. 여행 말기로 갈수록 심신이 지친 터라, 보고타에서는 한인민박에 숙박해 한식을 실컷 먹고, 도시의 편의성을 즐기고자 했다. 그간의 트레킹, 캠핑, 오지 탐험은 접어두고 수도가 주는 혜택을 누리고 싶었다.

보고타는 최근 50여 년 동안 콜롬비아 혁명군과 정부의 분쟁으로 폭력과 불안에 시달렸다. 또 극심한 마약 분쟁도 있었다. 콜롬비아인 특유의 선한 미소가 어떻게 그 역사 아래 지켜졌는지 의아할 정도다. 한국에 돌아와 콜롬비아 혁명군과 정부가 평화협정을 맺었다는 신문기사를 읽고 무척 기뻤다. 다녀온 여행지의 뉴스가 나오면 꼼꼼히 본다. 그들의 슬픔과 기쁨이 가깝게 느껴진다. 세상 사람들이 더 많이 여행한다면, 다른 나라 사람을 더 자주 만난다면, 전쟁은 훨씬 줄어들지 않을까. 아마 여행자라면 공감할 것이다.

여행 당시에는 보고타가 위험하단 체감이 크지 않았다. 민박집 주인아주머니가 자동차 창문을 열고 휴대폰을 만지는 아들에게 주의를 주는 정도였다. 아마도 안전한 곳만 찾아다녔기 때문일 거다. 보고타는 20개의 구로 이뤄져 있는데, 대체로 북쪽 구에는 부유한 계층이, 남쪽 구에는 취약계층이 집중됐다고 한다. 민박집 아주머니는 구마다 세금이 다르고, 사는 정도도 다르다고 하였다.

민박집은 중산층 정도 되는 구역에 있었는데, 가끔 청담동 같은 구역으로 놀러 가곤 했다. 그곳에서 커피 체인점인 후안 발데즈에 앉아 햇살을 받으며 즐거워했다. 커피테이블만 보면 서울인지, 뉴욕인지, 콜롬비아인지 알 수 없다. 이곳의 아파트들은 한눈에도 고급스러워 보였다. 가게도 마찬가지였다. 쇼핑을 하려고 옷 가게들을 둘러봤는데 가격이 수십만 원을 호가해 번번이 내려놓았다. 유명 가구 브랜드, 외제 차 상점도 많고, 와인과 신선한 치즈를 파는 고급스러운 식료품점도 있었다. 이곳에서 낮을 보내도 식사는 한식집을 찾아갔다. 민박집과 '청담동' 사이에 떡집 겸 식당 겸 슈퍼가 있었다. 메뉴는 떡, 떡볶이, 오징어덮밥, 라면 등이고, 한쪽에는 봉지라면과 한국 주방기구를 팔았다. 콜롬비아 물가답게 저렴했다. 떡볶이는 4천 원으로 한국과 큰 차이가 없다. 민박집 아주머니는 떡이 너무 먹고 싶어서 페루까지 다녀오곤 했는데, 막상 떡집이 생기니 잘 가지 않아 이상하다 하였다. 아쉽게도 나는 떡을 찧는 날만 피해서 방문해 떡을 맛보진 못했다. 그저 고추장 듬뿍 음식을 실컷 먹고 친절한 주인과 몇 마디 나눈 후 민박집으로 돌아갔다.

민박집은 비수기라 손님이 거의 없었다. 2층의 3인실을 거의 혼자 썼다. 3층에는 보고타 이민을 준비 중인 아저씨가 장기 투숙했다. 하루는 터키 이스탄불에서 선교하는 언니가 방문했다. 언니는 선교를 위해 많은 지역을 다녔다. 내가 쿠바여행을 앞둔 때라 그곳 얘기를 많이 해 주었다. 생수 살 돈이 없었던 할아버지, 그의 예쁘고 능력 있는 의사 딸에게 무료로 치료받은 얘기 등을 맛깔나게 했다. "쿠바에 가면 안 입는 옷은 주고 와. 공산품이 부족하거든. 네겐 작지만 그들에겐 큰 선물이야." 나도 쿠바에서 두 벌만 빼놓고 모두 청소 아주머니께 드리고 왔다. 입던 옷이라 미안했는데 아주머니는 파란색 리복 레깅스를 정말 좋아하시며 다음 날 입고 출근하셨다. 언니는 볼리비아처럼 가난한 곳이 기억에 남는다고 하였다. "빵집의 빵을 전부 사서 마을에 돌렸어. 5천 원도 안 되는 돈으로 모두 행복해졌지."

언니와는 친해져서 같이 시내 나들이도 갔다. 볼리바르 광장, 라 칸델라리아 역사지구, 보테로 박물관, 황금 박물관 등이 있는 시

내 중심가는 민박집에서 버스를 타고 한 시간 정도 걸렸다. 관광 전에 소매치기를 당한 동행을 대신해(그는 일정 때문에 멕시코로 떠났다) 경찰에 신고해야 했다. 시내의 작은 경찰서를 찾아 구글 번역기를 키고 한참 얘기했지만 뜻이 통하지 않았다. 결국 큰 경찰서로 이동하기로 했다. 친절한 경찰관은 우리를 경찰차 뒷좌석에 태우고 데려다주었다. 뒷좌석은 범죄자 전용이었다. 창문은 철창으로 막혔고, 의자는 쿠션 없는 철제였다. 범죄를 저지르고 이전과는 달라질 인생을 직감하는 첫 번째 공간이 아닐까 싶었다. 이 딱딱하고 차가운 의자에 앉으면 무슨 생각이 들까. 경찰서에 도착해 조서를 꾸몄다. 맷 데이먼을 닮은 형사가 통역을 불러 꼼꼼히 질문했다. 거의 한 시간 걸렸다. 통역은 다른 경찰관이 했는데 그리 유창한 영어가 아니었고, 우리도 마찬가지였다. 동양 여성이 경찰서에 앉아 있는 모습이 신기했던지 다들 구경까지 나왔고, 계속 환히 웃었다. 여행자보험에서 보상받기 위한 서류를 무사히 얻자 언니와 나는 너무 고마워 빵집에서 케이크를 사 통역을 해 준 경찰관과 동료들에게 선물했다. 그들은 진심으로 기뻐했고(콜롬비아인들은 단 음식을 정말 좋아한다) 맷 데이먼 형사만이 이런 건 받지 않는다고 했지만 그마저 친절을 풍겼다.

경찰서를 나온 뒤에야 우린 관광에 나섰다. 대학가를 걷다 보고타의 남산인 몬세라테 언덕에 가기로 했다. 보고타는 많은 대학이 밀집한 교육의 도시여서 '젊은 길'이 많았다. 아담한 카페와 술집들, 세상이 지루하고 불만인 학생들이 마약 때문에 찾을 것만 같은 지하 아지트에 그라피티도 많았다. 보고타는 그라피티의 수준이 훌륭하고 아름다워 관련 투어가 유명하다. 물론 나도 투어에 참여했는데, 그 후에도 이만큼 수준 높은 그라피티 거리를 본 적 없다. 한인민박 대신 이곳으로 숙소를 옮길까 싶었지만, 한식을 포기하긴 힘들었다. 노을이 질 때쯤 몬세라테 언덕에 갔다. 궤도차를 타고 정상에 올라가니 시내가 한눈에 들어왔다. 해는 금방 떨어져 야경이 되었다. 어디든 멀리서 바라보는 도시의 야경은 아름다운가 보다. 고급 카페가 있어서 차도 한 잔 마셨다. 귀가할 때는 택시를 탔다. 사실 그 후에도 시내를 갈 때는 버스 말고 택시를 이용했다. 택시비도 저렴한 데다, 여행 레임덕으로 '에라 모르겠다, 돈 따위'라는 심정이 됐기 때문이다.

언니가 떠나고 심심해진 나는 소금광산을 찾았다. 광부들은 지하 200미터의 광산에서 신께 기도드리고자 십자가와 기도대, 성당 등을 조각했다. 2억 5천만 년 전 바다 밑의 안데스산맥이 융기하면서 만들어 낸 소금이 십자가로 빛나고 있다. 이곳은 보고타의 북부터미널에서 시파키라행 버스를 타고 40분 정도 걸린다. 시파키라는 조그맣고 정갈한 마을이다. 이곳에서 소금성당까지는 걸어갈 수도, 미니기차를 탈 수도 있다. 사실 소금성당의 입장료가 몇 달 전에 딱 두 배로 오른 터라 남미여행자들의 단톡방에는 갈지 말지 고민이 한창 일었다. 나는 여행 말미라 '에라' 심정으로 방문했다. 소금광산은 습하고 휑한 지하 특유의 공기가 감돌았다. 그곳에서 신을 그리워하며 십자가를 조각했을 광부의 마음을 생각했다. 좀 간지럽지만, 여행은 타인과 입장 바꾸는 시간을 갖게 한다. 그것이 여행이 주는 또 하나의 선물일 거다. 광산을 한 바퀴 돌고 마을에서 엠파나다를 먹으며 풍경을 바라보았다. 해가 지고 여행도 저물고 있었다.

강을 건넜다. 강을 건너며 평생 몰랐을 감각, 들지 않을 감정을 쓰고 느꼈다. 몸은 축축이 젖어 이전의 몸이 아니었다. 이제 강을 되돌아가야 했다. 영원히 건너 버리는 것이다. 평생을, 때때로 슬플 것 같았다. 덜 슬프려면 강의 존재를 잊어야 할까. 그럴 수도 없거니와 그러고 싶지도 않다. 젖었던 몸을 상기하며 살아야 할 것이다. 정 힘들어지면 다른 강을 건너면 된다. 그렇게 생각하자 슬픔이 조금 나아졌다.

귀한 시간을 내서 책을 읽어 주신 모든 분들, 고맙습니다. 부디 이 책이 시간 낭비가 아니라, 잠깐의 쉼표가 되었기를 바랍니다.

책을 낼 수 있도록 도와주신 분들, 고맙습니다. 미숙한 글과 사진을 상상출판의 편집자와 디자이너가 섬세하게 살피고 엮어 주셨습니다.

여행을 하며 만난 분들, 고맙습니다. 많은 시간을 보낸 YK(분명 실명을 쓰면 싫어할 거예요). 서로 싸우고, 울고, 지지고 볶았습니다. 가장 많이 밥을 먹고 술을 마신 친구이자, 길치인 저를 명소로 데려다준 길잡이입니다. 그의 기운 때문에 저도 모르는 위험한 상황을 몇 번이나 피했을 겁니다. 다이빙과 바다 수영, 기타와 서핑도 가르쳐 주었습니다. 제가 속 좁게 굴어서 미안합니다.

여행 초반에 만난 어여쁜 신혼부부와 세계일주자, 막내도 고맙습니다. 함께 페루의 마추픽추에 오르고 우유니 소금사막에서 멋진 사진을 남긴, 남미의 하이라이트 일정을 함께했습니다. 그들 덕분에 역시나 제가 안전하고 즐겁게 초기 일정을 보낼 수 있었습니다.

쿠바를 비롯한 여러 나라에서 술을 나눈 친구들, 무수한 밤마다 옆에서 잠든 타인들, 다른 인생을 보여 준 여행자들, 목숨을 구해 준 기찻길의 그분, 오다가다 만난 길 위의 사람들 모두 고맙습니다. 말을 섞진 않아도, 같은 공간에서 배낭을 메고 서 있던 분들도 그립습니다. 우린 공통의 무언가를 갖고 있습니다. 각자 여행의 이유는 섬세하게 달랐습니다. 제가 지금 빠트린 사람이 있다면, 어느 날 문득 떠오르겠죠. 무척 고마울 겁니다.

특히 남미와 쿠바, 바다 건너에 살고 있는 현지인들에게 고맙습니다. 저의 미숙함이 그들에게 상처가 되지 않았을지 걱정됩니다. 혹시 저마저 그 아름다운 곳을 할퀴진 않았는지 두렵습니다.

그들과 그 땅에서 받은 바가 너무 큽니다. 너무 커서 평생 동안 때때로 멍해질 겁니다. 미소를, 가끔은 눈물을 흘릴지도 모릅니다. 한낱 여행객인 제게 베풀어 준 친절, 미소, 그 땅이 가진 아름다움으로 저는 전보다 조금 나아졌습니다. 고맙습니다.

그들도, 나도, 독자 여러분도 어제보다 나은 삶이 지속되길 바랍니다.

불완전하게
완전해지다

ⓒ 2017 김나랑

초판 1쇄	2017년 10월 24일
초판 2쇄	2018년 1월 8일

지은이	김나랑
발행인	유철상
기획	홍은선
책임편집	홍은선
디자인	주인지
마케팅	조종삼

펴낸곳	상상출판
출판등록	2009년 9월 22일(제305-2010-02호)
주소	서울시 동대문구 정릉천동로 58, 103동 206호(용두동, 롯데캐슬피렌체)
전화	02-963-9891
팩스	02-963-9892
전자우편	cs@esangsang.co.kr
홈페이지	www.esangsang.co.kr
블로그	blog.naver.com/sangsang_pub
인쇄	다라니

ISBN 979-11-87795-41-4(13980)

※ 가격은 뒤표지에 있습니다.
※ 이 책은 상상출판이 저작권자와의 계약에 따라 발행한 것이므로
　본사의 서면 허락 없이는 어떠한 형태나 수단으로도 이용하지 못합니다.
※ 잘못된 책은 구입하신 곳에서 바꿔 드립니다.
※ 이 도서의 국립중앙도서관 출판예정도서목록(CIP)은 서지정보유통지원시스템 홈페이지
　(http://seoji.nl.go.kr)와 국가자료공동목록시스템(http://www.nl.go.kr/kolisnet)에서
　이용하실 수 있습니다. (CIP제어번호 : CIP2017025617)